Java Web 程序设计

（项目教学版）

主　编　靳新
副主编　王岩　杨柯

北京理工大学出版社
BEIJING INSTITUTE OF TECHNOLOGY PRESS

内 容 简 介

本书是以项目教学方式展开 Java Web 程序设计课程的教材，主要针对应用型人才培养目标，按照校企融合方式和企业级项目的基本流程组织教材内容，围绕掌握 Java Web 程序设计学习目标，以图书馆管理系统的项目为主线，从实际项目开发的角度出发，全面、系统地讲解了 Java Web 项目开发中视图层、模型层、控制层和数据层的功能，并最终通过 MVC 和 DAO 的设计模式完成项目功能。

本书将知识讲解、应用实践和能力提高进行有机融合，适用于项目教学、理实融合的教学体系。本书能够激发读者学习兴趣，提升职业岗位技能，让读者在项目操作的过程中，能够通过所学知识解决实际问题。本书可作为高等学校计算机相关专业的教材使用，也可作为 Web 开发人员参考用书。

图书在版编目（CIP）数据

Java Web 程序设计：项目教学版 / 靳新主编. -- 北京：北京理工大学出版社，2021.7

ISBN 978-7-5763-0080-2

Ⅰ. ①J…　Ⅱ. ①靳…　Ⅲ. ①JAVA 语言-程序设计-高等学校-教材　Ⅳ. ①TP312.8

中国版本图书馆 CIP 数据核字（2021）第 143245 号

出版发行 / 北京理工大学出版社有限责任公司
社　　址 / 北京市海淀区中关村南大街 5 号
邮　　编 / 100081
电　　话 /（010）68914775（总编室）
（010）82562903（教材售后服务热线）
（010）68944723（其他图书服务热线）
网　　址 / http://www.bitpress.com.cn
经　　销 / 全国各地新华书店
印　　刷 / 北京侨友印刷有限公司
开　　本 / 787 毫米×1092 毫米　1/16
印　　张 / 13.25
字　　数 / 308 千字
版　　次 / 2021 年 7 月第 1 版　2021 年 7 月第 1 次印刷
定　　价 / 69.00 元

责任编辑 / 陈莉华
文案编辑 / 陈莉华
责任校对 / 刘亚男
责任印制 / 李志强

图书出现印装质量问题，请拨打售后服务热线，本社负责调换

前　言

项目教学是以项目为主线、教师为引导、学生为主体的教学模式，它创造了学生主动参与、自主协作和探索创新的新型教学方式。Java Web 程序设计是计算机领域核心的一门技术，是高校计算机相关专业的核心课程之一，重点培养学生具备 JSP、JavaBean、Servlet、JDBC 相关知识的能力，并且能够针对企业级项目采用分层模式开发项目，以此能够胜任 B/S 结构的程序开发工作。以企业需求为基础，明确课程目标，通过项目教学的方式展开 Java Web 程序设计教学，让学生在真实的工作环境中得到锻炼和提升，循序渐进地培养学生开发 Web 的能力，提升学习兴趣，为学生走上工作岗位打下良好基础。

本书以图书馆管理系统的项目为主线，根据项目功能模块的开发流程，将项目中视图层 JSP、模型层 JavaBean、控制层 Servlet 和数据层 JDBC 的内容进行合理的分解，形成若干个子项目的操作，通过基础知识的讲解和实践操作，使读者掌握 Java Web 开发的基础知识；最后使用 MVC 和 DAO 的设计模式完成项目的整个实施过程，以此强化实践技能训练，提高项目实战操作。建议学习本书内容的读者要提前掌握 Java 面向对象、网页制作和数据库基础等知识。

本书采用 MyEclipse 集成开发环境、SQL Server 数据库和 Tomcat 服务器完成图书馆管理系统功能，共分为 8 个项目。项目 1 Java Web 应用开发基础，主要讲解了 Web 客户端和服务器端的基本技术，开发 Web 应用程序的体系结构，以及常用的通信协议和开发 Web 的主要技术。项目 2 图书馆管理系统的分析与设计，讲解了项目的需求分析、可行性分析、项目设计目标和功能项目模块，并完成项目的数据库设计。项目 3 搭建 Java Web 开发环境，讲解了 JDK、Tomcat 和 MyEclipse 的安装和配置过程。项目 4 视图层技术——JSP，讲解了 JSP 的基本知识，并完成了项目界面的设计。项目 5 模型层技术——JavaBean，讲解了 JavaBean 编写规范，以及 JSP 和 JavaBean 结合的技术，并完成项目实体类的操作。项目 6 控制层技术——Servlet，讲解了 Servlet 基本编程方式、Servlet 获取用户请求信息、Servlet 跳转方式、Servlet 会话跟踪以及 Filter 过滤器的功能，并完成项目控制器的操作。项目 7 数据层技术——JDBC，讲解了 JDBC 的基本概念和操作数据库的过程，并完成项目的数据库操作类的功能。项目 8 MVC 和 DAO 设计模式，讲解了 MVC 设计模式和 DAO 设计模式的知识，并通过 MVC 和 DAO 相结合的设计模式完成项目的实现。

采用项目驱动的方式设计教材内容，采用项目教学的方式完成教学目标，可以使学生具备程序设计的逻辑思维习惯、严谨的编程风格、分析问题和解决问题的能力，能够具备适应软件行业快速发展的需求，解决所属领域内程序设计系统的分析、设计、开发的能力，并且通过学习 Java Web 程序设计，使学生了解项目中的角色，能够在项目中分工合作，培养学生团队合作以及技术创新意识的素质。

CONTENTS 目录

项目1

Java Web应用开发基础

项目描述

本项目将介绍Java Web开发所设计的相关知识，主要介绍Web基本特征，Web客户端和服务器端相关技术，客户端主要围绕HTML超文本传输协议、CSS层叠式样式表和JavaScript脚本语言等技术进行讲解，服务器端主要介绍几种主流的动态网站开发语言，包括ASP、PHP、ASP.NET和JSP的技术；介绍Web系统的体系结构，包括C/S和B/S体系结构；介绍Web通信协议，包括URL地址和HTTP协议，以及本书中涉及的Java Web相关技术，包括Servlet、JSP、JavaBean和JDBC等基础知识。通过知识讲解，了解Java Web的基本内容，有利于后续的学习。

1.1 学习任务与技能目标

1. 学习任务

（1）Web基本特性。
（2）Web客户端技术。
（3）Web服务器端技术。
（4）Web体系结构。
（5）Web通信协议。
（6）Java Web主要技术。

2. 技能目标

（1）了解Web基本特性。
（2）了解Web客户端和服务器端相关技术。
（3）了解主流动态网页的开发技术。
（4）熟悉Web体系结构。
（5）熟悉Java Web开发的主要技术。

1.2　Web 基本特性

任务 1：Web 概述

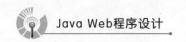

WWW（World Wide Web，全球广域网，也称为万维网）是一种基于超文本和 HTTP 的、全球性的、动态交互的、跨平台的分布式图形信息系统，它是建立在 Internet 上的一种网络服务，为浏览者在 Internet 上查找和浏览信息提供了图形化的、易于访问的直观界面，其中的文档及超链接将 Internet 上的信息节点组织成一个互为关联的网状结构。Web 的特点包括以下几个。

1. 图形化

Web 非常流行的一个很重要的原因就在于它可以在一个界面上同时显示色彩丰富的图形和文本的性能。在 Web 之前，Internet 上的信息只有文本形式，如今 Web 可以提供将图形、音频、视频信息集于一体的特性。

2. 与平台无关

无论用户的系统平台是什么，用户都可以通过 Internet 访问 WWW。浏览 WWW 对系统平台没有任何限制，无论从 Windows 平台、UNIX 平台还是 MAC 等平台，用户都可以访问 WWW。对 WWW 的访问通过浏览器（Browser）的软件实现，如 Mozilla 的 Firefox、Google 的 Chrome、Microsoft 的 Internet Explorer 等。

3. 分布式

大量的图形、音频和视频信息会占用相当大的磁盘空间，用户甚至无法预知信息的多少。对于 Web 没有必要把所有信息都放在一起，信息可以放在不同的站点上，只需要在浏览器中指明这个站点就可以了。在物理上并非一个站点的信息在逻辑上一体化，从用户角度来看这些信息是一体的。

4. 动态的

由于各 Web 站点的信息包含站点本身的信息，信息的提供者可以经常对站上的信息进行更新，如某个协议的发展状况、公司的广告等。一般各信息站点都尽量保证信息的时间性，所以 Web 站点上的信息是动态的、经常更新的，这是由信息的提供者保证的。

5. 交互性

Web 的交互性首先表现在它的超链接上，用户的浏览顺序和所到站点完全由他自己决定。另外，通过 Form 表单的形式可以从服务器方获得动态的信息，用户通过填写 Form 表单可以向服务器提交请求，服务器根据用户的请求返回相应信息。

1.3　Web 客户端技术

Web 的客户端技术主要用于描述在浏览器端显示的界面内容，用于对页面的控制和处理，

方便客户端与服务器端进行交互。常用的客户端技术包括 HTML、CSS 和 JavaScript 等。

任务 2：HTML 超文本标记语言

超文本标记语言（HyperText Markup Language）是标准通用标记语言下的一个应用，也是一种规范、一种标准，它通过标记符号来标记要显示网页中的各个部分。网页文件本身是一种文本文件，通过在文本文件中添加标记符，可以告诉浏览器如何显示其中的内容，如文字如何处理、画面如何安排、图片如何显示等。浏览器按顺序阅读网页文件，然后根据标记符解释和显示其标记的内容，对书写出错的标记将不指出其错误，且不停止其解释执行过程，开发人员只能通过显示效果来分析出错原因和出错部位。但需要注意的是，对于不同的浏览器，对同一标记符可能会有不同的解释，因而可能会有不同的显示效果。

超文本标记语言文档制作相对简单，但功能强大，支持不同数据格式的文件嵌入，这也是 WWW 盛行的原因之一，其主要特点如下。

1. 简易性

超文本标记语言版本升级采用超集方式，从而更加灵活、方便。

2. 可扩展性

超文本标记语言的广泛应用起到了加强作用，增加标识符等要求，超文本标记语言采取子类元素的方式，使实现系统扩展成为可能。

3. 平台无关性

超文本标记语言可以使用在广泛的平台上，不论是个人计算机还是 Linux、MAC 等其他机器，都支持 HTML 的应用，这也是 WWW 盛行的另一个原因。

4. 通用性

HTML 是网络的通用语言，一种简单、通用的标记语言。它允许开发人员建立文本与图片相结合的复杂页面，无论使用的是什么类型的计算机或浏览器，这些页面均可以被网上任何其他人浏览到。

任务 3：CSS 层叠式样式表

CSS（Cascading Style Sheets，层叠样式表）是一种用来表现 HTML 等文件样式的计算机语言。CSS 不仅可以静态地修饰网页，还可以配合各种脚本语言动态地对网页各元素进行格式化。CSS 在 Web 设计领域是一个突破，利用它可以实现修改样式更新与之相关的所有页面元素。CSS 具有以下特点。

1. 丰富的样式定义

CSS 提供了丰富的文档样式外观，以及设置文本和背景属性的能力；允许为任何元素创建边框、元素边框与其他元素间的距离以及元素边框与元素内容间的距离；允许随意改变文本的大小写方式、修饰方式及其他页面效果。

2. 易于使用和修改

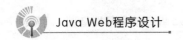

CSS 可以将样式定义在 HTML 元素的样式属性中，或者将其定义在 HTML 文档的头部分，也可以将样式声明在一个专门的 CSS 文件中，以供 HTML 页面引用。总之，CSS 样式表可以将所有的样式声明统一存放，进行统一管理。

CSS 可以将相同样式的元素进行归类，使用同一个样式进行定义，也可以将某个样式应用到所有同名的 HTML 标签中，并且还可以将一个 CSS 样式指定到某个页面元素中。如果要修改样式，只需要在样式列表中找到相应的样式声明进行修改即可。

3. 多页面应用

CSS 样式表可以单独存放在一个 CSS 文件中，这样就可以在多个页面中使用同一个 CSS 样式表。CSS 样式表理论上不属于任何页面文件，在任何页面文件中都可以将其引用，这样就可以实现多个页面风格的统一。

4. 层叠

简单地说，层叠就是可对一个元素多次设置同一个样式，这将使用最后一次设置的属性值。例如，对一个站点中的多个页面使用了同一套 CSS 样式表，而某些页面中的某些元素想使用其他样式，就可以针对这些样式单独定义一个样式表应用到页面中。这些后来定义的样式将对前面的样式设置进行重写，在浏览器中看到的将是最后一次设置的样式效果。

5. 页面压缩

在使用 HTML 定义页面效果的网站中，往往需要大量或重复的表格和字体元素形成各种规格的文字样式，这样做的后果就是会产生大量的 HTML 标签，从而使页面文件的大小增加。而将样式的声明单独放到 CSS 样式表中，可以大大减小页面的体积，这样在加载页面时使用的时间也会大大地减少。另外，CSS 样式表的复用更大程度上缩减了页面的体积，减少下载的时间。

任务 4：JavaScript 脚本语言

JavaScript 是一种直译式脚本语言，是一种动态类型、弱类型、基于原型的语言，内置支持类型。它的解释器称为 JavaScript 引擎，为浏览器的一部分，广泛用于客户端的脚本语言，它可以在 HTML 网页上使用，用来给 HTML 网页增加动态功能。JavaScript 脚本语言具有以下特点。

1. 脚本语言

JavaScript 是一种解释型的脚本语言，C、C++等语言先编译后执行，而 JavaScript 是在程序的运行过程中逐行进行解释。

2. 基于对象

JavaScript 是一种基于对象的脚本语言，它不仅可以创建对象，也能使用现有的对象。

3. 简单性

JavaScript 语言中采用的是弱类型的变量类型，对使用的数据类型未做出严格的要求，它是基于 Java 基本语句和控制的脚本语言，其设计简单、紧凑。

4. 动态性

JavaScript 是一种采用事件驱动的脚本语言，它不需要使用 Web 服务器就可以对用户的输入做出响应。在访问一个网页时，鼠标在网页中进行单击或上下移动、窗口移动等操作，JavaScript 都可直接对这些事件给出相应的响应。

5. 跨平台性

JavaScript 脚本语言不依赖于操作系统，仅需要浏览器的支持。因此，一个 JavaScript 脚本在编写后可以安装到任意机器上使用，但前提是机器上的浏览器支持 JavaScript 脚本语言，目前 JavaScript 已被大多数的浏览器所支持。

1.4 Web 服务器端技术

任务 5：ASP 技术

ASP（Active Server Page，动态服务器页面）是微软公司发布的一种使用很广泛的动态网站开发技术。它通过在页面代码中嵌入 VBScript 或 JavaScript 脚本语言来生成动态的内容，在服务器端必须安装适当的解释器后，才能通过调用此解释器来执行脚本程序，然后将执行结果与静态内容部分结合并传送到客户端浏览器上。

ASP 的主要特点是利用 ASP 可以实现突破静态网页的一些功能限制，实现动态网页技术；ASP 文件是包含在 HTML 代码所组成的文件中的，易于修改和测试；服务器上的 ASP 解释程序会在服务器端制定 ASP 程序，并将结果以 HTML 格式传送到客户端浏览器上，因此使用各种浏览器都可以正常浏览 ASP 所产生的网页。该技术存在很多优点，简单易学，并且 ASP 与微软的 IIS 捆绑在一起，在安装 Windows 操作系统的同时安装 IIS，即可运行 ASP 应用程序。

任务 6：PHP 技术

PHP 是一种开发动态页面技术的名称，PHP 语法类似于 C 语言，并且混合了 Perl、C++ 和 Java 的一些特性。PHP 是一种开源的 Web 服务器脚本语言，与 ASP 一样可以在页面中加入脚本代码来生成动态内容。对于一些复杂的操作可以封装到函数或类中。在 PHP 中提供了许多已经定义好的函数，如提供标准的数据库接口，使得数据库连接方便、可扩展性增强。PHP 可以被多个平台支持，主要应用于 UNIX/Linux 平台。

PHP 是一款开源软件，它的解释器源代码是公开的，运行环境的使用也是免费的；PHP 是一种简单的编程语言，它具有简洁的语法规则，使得它操作编辑非常简单，实用性很强；PHP 可以与很多主流数据库建立起连接，如 MySQL、ODBC、Oracle 等；并且在 PHP 语言的使用中，可以分别面向过程和面向对象，或者面向过程和面向对象两者一起混用，这是其他很多编程语言做不到的一种特性。

任务 7：ASP.NET 技术

ASP.NET 又称为 ASP+，它不仅仅是 ASP 的简单升级，而且是微软公司推出的新一代脚本语言。ASP.NET 基于.NET Framework 的 Web 开发平台，它是.NET 框架的一部分，可以使用任何与.NET 兼容的语言来编写 ASP.NET 应用程序。使用 Visual Basic.NET、C#、J#、ASP.NET 页面（Web Forms）进行编译，可以提供比脚本语言更出色的性能表现。Web Forms 允许在页面基础上建立强大的窗体。当创建页面时，可以使用 ASP.NET 服务端空间来建立常用的 UI 元素，并对它们编程来完成一般的任务。这些控件允许开发者使用内建可重用组件和自定义组件来快速建立 Web Forms，使代码简单化。

ASP.NET 语言的特点主要包括多语言的支持，以及页面代码是被编译执行的，包含强大的类和名空间，并提供很多服务器控件，使 Web 应用的开发变得更加简单，并且支持 Web 服务，具有更高的安全性。

任务 8：JSP 技术

JSP（Java Server Page）是以 Java 为基础开发的，所以它沿用 Java 强大的 API 功能。JSP 页面中的 HTML 代码用来显示静态内容部分，嵌入页面中的 Java 代码与 JSP 标记用来生成动态内容部分。JSP 允许程序员编写自己的标记库来完成应用程序的特定要求。JSP 可以被预编译，提高了程序的运行速度。另外，JSP 开发的应用程序经过编译后，便可随时随地运行，所以在绝大部分系统平台中，代码无须做修改即可在支持 JSP 的任何服务器中运行。

1.5 应用程序体系结构

应用程序体系结构是指应用程序内部各组件间的组织方式，应用程序的体系结构经历了两层结构到三层结构再到多层结构的演变过程。

任务 9：两层体系结构应用程序

两层体系结构分为客户层（Client）和服务器层（Server），因此也称为客户端/服务器端（C/S）结构。客户端包含一个或多个在用户计算机上运行的程序，客户端程序负责实现人机交互、应用逻辑和数据访问等职能，而服务器端由数据库服务器实现，完成提供数据库服务功能，两层体系结构如图 1-1 所示。

两层体系结构在技术上很成熟，由图 1-1 可以看出，客户端程序与数据库直接交互，它的主要特点是交互性强、具有较快的存取模式、网络通信量低、响应速度快和利于处理数据。因为客户端要负责绝大多数的业务逻辑和 UI 展示，又称为胖客户端。客户端/服务器端结构充分利用硬件将任务分配到两端，降低了系统的通信开销。但是这种体系结构也存在以下缺点。

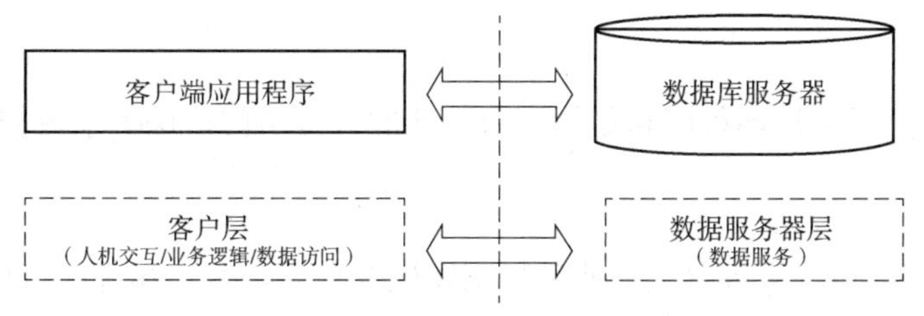

图 1-1 两层体系结构

1. 安全性低

客户端与数据库服务器直接交互，非法用户容易通过客户端程序侵入数据库，造成数据损失。

2. 部署困难

两层体系结构需要针对不同的操作系统开发不同版本的软件，加之产品的更新换代十分频繁，已经很难满足百台计算机以上局域网用户同时使用，随着业务规则的深入，需要不断更新客户端程序，这大大增加了程序部署工作量。

3. 消耗系统资源

每个客户端程序都要直接连接数据库服务器，使服务器为每个客户建立连接而消耗大量宝贵的服务器资源，导致系统性能下降。

任务 10：三层体系结构应用程序

为了解决两层体系结构带来的弊端，软件开发领域提出三层体系结构，它是在客户层和服务器层之间添加了 Web 服务器层，这种体系结构又称为 B/S（Browser/Server，浏览器/服务器）结构，它是目前应用系统的发展方向。B/S 是伴随着 Internet 技术的兴起对 C/S 架构的改进。在这种结构下，通过浏览器进入工作界面，极少部分业务逻辑在前端浏览器实现，主要业务逻辑在服务器端实现，三层结构使得客户端计算机负荷大大减轻，因此被称为瘦客户端，降低了系统维护和升级的支出成本以及用户的总体成本。三层体系结构如图 1-2 所示。

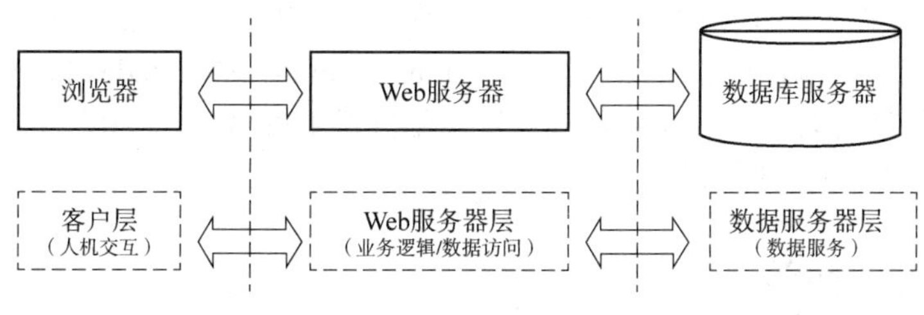

图 1-2 三层体系结构

由图 1-2 可以看出，浏览器并不与数据库直接建立连接，而是数据库与 Web 服务器建立连接。其中客户层通过浏览器只需实现人机交互，Web 服务器主要完成业务逻辑和数据访问等功能，数据库服务器只需提供数据的信息服务。相比较 C/S 模式，B/S 模式主要包括以下优点。

1. 安全性高

Web 服务器隔离了客户端程序和数据库服务器的直接访问，保护了数据信息的安全。

2. 易于维护

由于业务逻辑在 Web 服务器上，业务规则发生变化后，客户端程序可保持不变，只需修改 Web 服务器中的应用程序即可。

3. 响应快

通过 Web 服务器层的负载均衡和缓存数据能力，可以提高对客户端的响应速度。

4. 系统扩展灵活

通过在 Web 服务器上部署新的程序组件来扩展系统规模，当系统性能降低时，可以在 Web 服务器层部署更多的应用服务器来提升性能。

任务 11：多层体系结构应用程序

将 Web 服务器层根据业务逻辑进一步划分成若干个子层，就形成了多层体系结构的应用程序，以满足开发多层体系结构的企业级应用需求。

1.6 Web 通信协议

任务 12：URL 地址

URL 是统一资源定位符，可以对从互联网上得到资源的位置和访问方法进行一种简洁的表示，是互联网上标准资源的地址。互联网上的每个文件都有一个唯一的 URL，它包含的信息指出文件的位置以及浏览器应该怎么处理它。URL 是用户在 Internet 中寻找资源、获取信息、用 E-mail 通信、网上交流等必不可少的。

URL 以字符串的抽象形式来描述一个资源在 WWW 上的地址。一个 URL 唯一标识一个 Web 资源，通过与之对应的 URL 即可获得该资源。在 URL 中，包含所使用的网络协议，Web 服务器的主机名、端口号和资源名等，即 http://localhost:8080/index.html。其中，“http”表示网络传输数据使用的协议；“localhost”表示服务器主机名；“8080”表示请求的端口号；“index.html”表示请求的资源名称。

任务 13：HTTP 协议

HTTP（HyperText Transfer Protocol，超文本传输协议）是 TCP/IP 协议的一个应用层协议，是因特网上应用最为广泛的一种网络传输协议，用于定义 Web 浏览器与 Web 服务器之间交换数据的过程，所有的 WWW 文件都必须遵守这个标准。HTTP 是基于 TCP/IP 通信协议来传递数据的，包括 HTML 文件、图片文件、查询结果等。HTTP 协议工作于客户端/服务器端，即 B/S 结构上。浏览器作为 HTTP 客户端通过 URL 向 HTTP 服务器端即 Web 服务器发送所有请求。HTTP 主要特性包括以下几个。

1. HTTP 是无连接的

无连接的含义是限制每次连接只处理一个请求，服务器处理完客户的请求，并收到客户的应答后，即断开连接，采用这种方式可以节省传输时间。

2. HTTP 是媒体独立的

只要客户端和服务器端知道想要处理的数据内容，任何类型的数据都可以通过 HTTP 发送。客户端及服务器端指定适用的 MIME-TYPE 内容类型，如 text/html、application/pdf、application/msword、video/quicktime、application/java、image/jpeg、application/jar、application/octet-stream、application/x- zip 等。

3. HTTP 是无状态的

HTTP 协议是无状态协议，无状态是指协议对于事务处理没有记忆能力，对同一个 URL 请求没有上下文关系，每次请求都是独立的，它的执行情况和结果与前面的请求和之后的请求是无直接关系的，它不会受前面请求应答情况的影响，也不会影响后面的请求应答情况，因此服务器中没有保存客户端的状态，客户端必须每次带上自己的状态去请求服务器。

HTTP 协议用于处理客户端与服务器端的信息交互，在 HTTP 的请求消息中，请求方法包括 GET、POST、HEAD、OPTIONS、DELETE、TRACE、PUT 和 CONNECT 等。HTTP 的请求方式表示的含义如表 1-1 所示。

表 1-1 HTTP 的请求方式

请求方式	含 义
GET	请求获取请求行的 URI 所标识的资源
POST	向指定资源提交数据，请求服务器处理（如提交表单或文件上传）
HEAD	请求获取由 URI 所标识资源的响应消息头
PUT	将网页放置到指定 URL 位置
DELETE	请求服务器删除 URI 所标识的资源
TRACE	请求服务器回送收到的请求信息，主要用于测试或诊断
CONNECT	保留将来使用
OPTIONS	请求查询服务器的性能，或者查询与资源相关的选项和需求

在 HTTP 的请求方式中，最常用的是 GET 和 POST 方式。

（1）GET 方式。

当用户在浏览器地址栏中输入某个 URL 地址或者单击网页上的一个超链接时，浏览器将使用 GET 方式发送请求。如果将网页上的 Form 表单的 method 属性设置为 GET 或者不设置 method 属性（默认值是 GET），当用户提交表单时，浏览器也将使用 GET 方式发送请求。

若请求方式为 GET 方式，则可以在请求的 URL 地址后以“?”的形式带上数据交给服务器，多个数据之间以“&”进行分隔，例如：

```
http://www.situ.edu.cn/xinxi.do? name=Tom&pwd=abc
```

GET 请求方式在 URL 地址后附带的参数是有限制的，其数据容量通常不能超过 2 KB，且 GET 方式会通过参数的形式将信息显示在浏览器中，请求信息可以被缓存，并保留在浏览器的历史记录中，因此安全性较差，它不应该处理敏感数据。

（2）POST 方式。

如果网页上 Form 表单的 method 属性设置为 POST，当用户提交表单时，浏览器将使用 POST 方式提交表单内容，并把各个表单元素及数据作为 HTTP 消息的实体内容发送给服务器，而不是作为 URI 地址的参数传递。

在实际开发中，通常都会使用 POST 方式发送请求，主要原因是 POST 传输数据大小无限制，请求不会被缓存，不会保留在浏览器的历史记录中，因此安全性能较高。

1.7 Java Web 主要技术

任务 14：JSP 技术

JSP（Java Server Pages）是由 SUN MicroSystems 公司主导创建的一种动态网页技术标准。JSP 部署于网络服务器上，可以响应客户端发送的请求，并根据请求内容动态地生成 HTML、XML 或其他格式文档的 Web 网页，然后返回给请求者。JSP 技术以 Java 语言作为脚本语言，为用户的 HTTP 请求提供服务，并能与服务器上的其他 Java 程序共同处理复杂的业务需求。

任务 15：JavaBean 技术

JavaBean 是 Java 开发中可以重用、可移植的软件组件，它本质是一个 Java 类。JavaBean 通过封装私有变量的模式，设置 Getter 和 Setter 方法以完成数据的交互功能。

任务 16：Servlet 技术

Servlet 是运行在 Web 服务器或应用服务器上的程序，它是作为来自 Web 浏览器或其他 HTTP 客户端的请求和 HTTP 服务器上的数据库或应用程序之间的中间层。使用 Servlet 可以收集来自网页表单的用户输入，呈现来自数据库或者其他源的记录，还可以动态创建网页。

任务 17：JDBC 技术

JDBC（Java DataBase Connectivity，Java 数据库连接）是一种用于执行 SQL 语句的 Java API，可以为多种关系数据库提供统一的访问方式，它由一组用 Java 语言编写的类和接口组成。JDBC 提供了一种基准，据此可以构建更高级的工具和接口，使数据库开发人员能够编写数据库应用程序。

1.8 项 目 小 结

本项目重点讲解了 Web 相关的技术，包括 Web 基本特性、Web 客户端技术、Web 服务器端技术，Web 体系结构、Web 通信协议以及 Java Web 的主要技术等相关知识。Web 基本特性主要包括图形化、与平台无关、分布式的、动态的和交互的。Web 客户端主要包括 HTML、CSS、JavaScript 等技术，Web 服务器端技术主要包括 ASP、PHP、ASP.NET 和 JSP 等技术。Web 体系结构主要介绍了 C/S（客户端/服务器端）结构和 B/S（浏览器/服务器）结构，目前 Web 程序开发主要采用 B/S 结构。Web 通信协议主要介绍了 URL 地址和 HTTP 网络传输协议的特性。Java Web 技术主要包括 Servlet、JSP、JavaBean 以及 JDBC 相关技术，在项目开发中，Servlet、JSP 和 JavaBean 形成 MVC（Model-View-Controller，模型—视图—控制器）设计模式，JDBC 主要完成数据库的操作，在项目设计中数据库操作部分以 DAO（Data Access Object，数据访问对象）的设计模式进行开发。

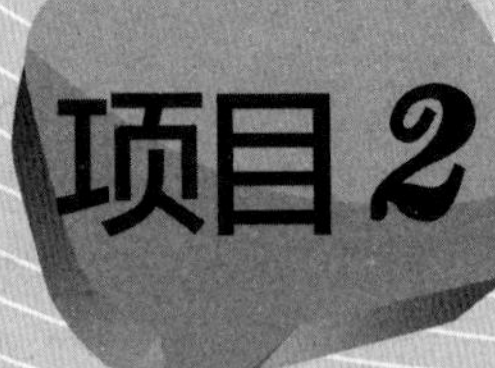

项目2 图书馆管理系统的分析与设计

项目描述

本项目将介绍图书馆管理系统的分析与设计内容。图书馆管理系统需求分析要求能够实现计算机化的图书信息管理，能够提供方便、快速的图书信息检索功能以及便捷的图书借阅和归还功能，方便管理员的借阅处理。项目的可行性主要对技术可行性和经济可行性进行分析，达成对项目设计目标的完成。项目功能结构主要针对图书馆管理系统的功能模块进行划分，描述功能模块的特性。数据库设计主要通过需求分析、概念设计、逻辑设计和物理设计几个部分，对系统中所需的数据库和表进行设计，最终完成整个项目的分析和设计。

2.1 学习任务与技能目标

1. 学习任务

（1）需求分析。
（2）可行性分析。
（3）项目设计目标。
（4）项目功能模块。
（5）数据库设计。

2. 技能目标

（1）了解Web项目的需求分析。
（2）完成项目功能模块的设计。
（3）熟练完成项目数据库的设计。

2.2 系统分析与设计

任务 1：需求分析

随着网络技术的高速发展、计算机应用的普及，利用计算机对图书馆的日常工作进行管理势在必行。高校拥有的图书馆，可以为全校师生提供学习、阅读的空间。随着生源的不断扩大，图书馆的规模也随之扩大，图书数量也相应地大量增加，有关图书借阅的各种信息成倍增加，因此非常有必要开发一套合理实用的图书馆管理系统，以完成对校内图书相关的信息进行统一、集中的管理。

图书馆管理系统能够实现计算机化的图书管理，能够提供方便、快速的图书信息检索功能以及便捷的图书借阅和归还功能，并且能够对图书信息和读者信息进行管理，方便管理员和读者的借阅处理。要求系统具备以下特点。

（1）操作简单、易用。

（2）数据存储可靠，具备较高的处理效率。

（3）系统安全、稳定。

（4）开发技术先进、功能完备、可扩展性强。

任务 2：可行性分析

图书是人类进步的阶梯，是人类获取知识的最重要途径之一。随着高校图书馆中藏书的日益增多，对图书管理的要求也日益提高，因此实现图书信息化的管理势在必行。项目的可行性分析是对项目的可行程度进行分析，管理层根据可行性分析决定是否开发此项目。可行性分析主要包括技术可行性、经济可行性等。通过对图书馆管理系统的需求分析，可行性主要包括以下内容。

1. 技术可行性

图书馆管理系统采用 Java Web 技术开发，Java 编程语言和 Tomcat 服务器都是开源的，高校的校园网也正常运行，并提供了 SQL Server 数据库的支持，因此技术方面是可行的。

2. 经济可行性

图书馆管理系统所使用的校园网络已完备，不需要花大量费用去建设，Java 编程语言和 Tomcat 服务器是开源免费的，开发费用有很大优势。同时，图书馆管理系统为高校用户提供准确、及时的信息，对管理者的决策提供有力的支持，能够促进院校的体制改革，提高工作效率，减少工作人员时间和费用，促进了学校信息化进程。因此，软件开发费用、管理费、维护费，相对于运行后为高校使用者带来的便利，系统开发是可行的。

任务 3：项目设计目标

根据系统需求分析，图书馆管理系统实施后，应达到的目标包括以下几个。

（1）界面设计友好、美观。

（2）数据存储安全、可靠。

（3）信息分类清晰、准确。

（4）合理的查询功能，保证数据查询的灵活性。

（5）实现对图书借阅、续借和归还的数据信息跟踪。

（6）具有易维护和易操作性。

任务 4：项目功能模块

根据图书馆管理系统的分析，系统功能权限分为管理员和读者两种，其项目功能模块框图如图 2-1 所示。

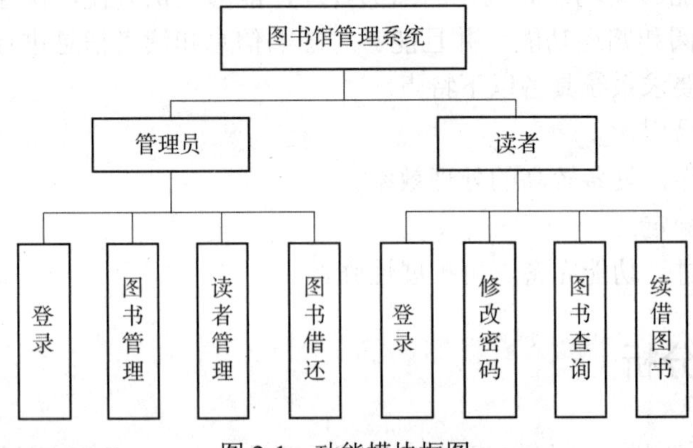

图 2-1　功能模块框图

1. 管理员功能介绍

（1）登录。

通过账号和密码，用户登录到图书馆管理系统，根据权限值的不同，对应管理员和读者的功能，并执行相应的图书管理功能。

（2）图书管理。

图书管理包括图书类型管理和图书信息管理，通过对图书类型操作，并将图书类型信息设置到图书信息中，最终实现对图书信息的管理。

（3）读者管理。

读者管理包括读者类型管理和读者信息管理，通过对读者类型操作，并将读者类型设置到读者信息中，最终实现对读者信息的管理。

（4）图书借还。

图书借还包括图书借阅、图书续借和图书归还功能。

2. 读者功能介绍

（1）登录。

通过账号和密码，用户登录到图书馆管理系统，根据权限值的不同，对应管理员和读者的权限，并执行相应的图书管理功能。

（2）修改密码。

通过读者账号登录该系统的读者可以修改自己的登录密码。

（3）图书查询。

读者可以查询图书馆管理系统中所有图书信息，包括图书名称、图书类型、作者、出版社、ISBN、价格、书架、现存量和总库存等信息。

（4）续借图书。

对于未到期的图书，可以通过续借功能实现图书的再次借阅。

2.3 系统数据库设计

任务5：数据库设计

在给定的数据库管理系统、操作系统平台和对应的硬件环境下，将用户的需求转换成有效的数据库结构，形成合理的数据库模式，这个过程称为数据库设计，关系型数据库的设计一般包括需求分析、概念设计、逻辑设计和物理设计四部分。

1. 需求分析

需求分析的任务是通过调研处理对象，充分了解系统工作状态，明确用户需求，以此确定系统的功能。需求分析的重点是调查、收集与分析用户在数据管理中的信息要求、处理要求、安全性与完整性要求。信息要求是指用户需要从数据库中获得信息的内容，由用户的信息导出数据要求，即表明在数据库中存储哪些数据。处理要求是指用户要求完成什么样的处理功能、处理响应时间有什么要求，系统的功能必须满足用户的信息要求和处理要求，保证系统的安全性和数据的完整性等。

由于本系统是为高校的图书馆开发的程序，充分考虑到学校需求等问题，系统采用 SQL Server 2008 数据库进行开发，使数据能够合理、有效地存储，安全高效地使用，保证数据的完整性和一致性，以满足项目需求，并且具有良好的可扩展性。

2. 数据库概念设计

将需求分析中关于数据的需求综合为一个统一的概念模型。其过程是首先设计局部 E-R 图，然后合并各局部 E-R 图，并解决可能存在的冲突，得到初步 E-R 图；最后修改和重构初步 E-R 图，消除其中的冗余部分，得到最终的全局 E-R 图，即概念模式。

根据图书馆管理系统的需求分析和系统设计，管理员的功能可以确定的实体包括用户信息、图书类型信息、图书信息、读者类型信息、读者信息和图书借阅信息等。其中读者和图书之间存在借阅关系，一个读者可以借阅多本图书，一本图书可以借给多个不同的读者，一个图书类型可以对应多个图书信息，因此图书类型和图书信息之间存在一对多的关系，同样读者类型和读者信息之间存在一对多的联系。确定好系统的实体和联系之后，可以确定实体与联系的属性和主键，具体包括以下信息。

（1）用户实体。

用户实体包括账号、用户名、密码和权限，其中账号是主键，权限用于设定用户是管理员还是读者。用户实体属性图如图 2-2 所示。

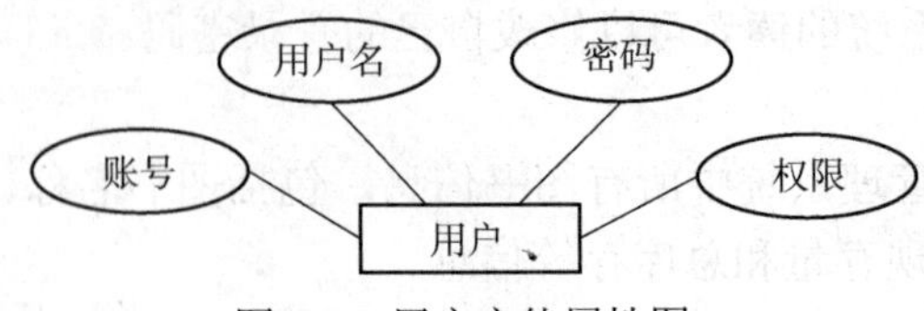

图 2-2 用户实体属性图

（2）图书类型实体。

图书类型实体包括图书类型编号和图书类型名称，其中图书类型编号为主键。图书类型实体属性图如图 2-3 所示。

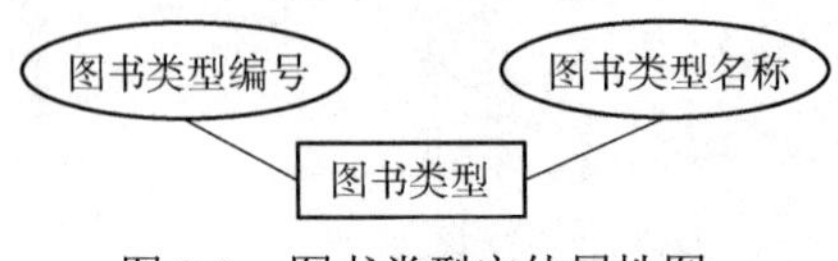

图 2-3 图书类型实体属性图

（3）图书信息实体。

图书信息实体包括图书编号、图书名称、作者、价格、ISBN、现存量、总库存、出版社、图书类型编号和书架，其中图书编号为主键。图书信息实体属性图如图 2-4 所示。

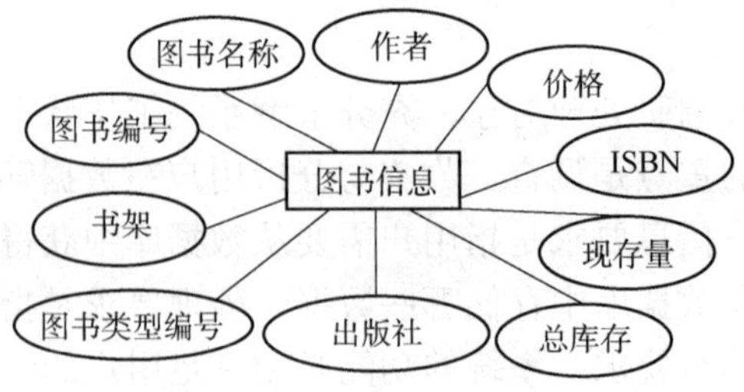

图 2-4 图书信息实体属性图

（4）读者类型实体。

读者类型实体包括读者类型编号、读者类型名称和可借数量，其中读者类型编号为主键。读者类型实体属性图如图 2-5 所示。

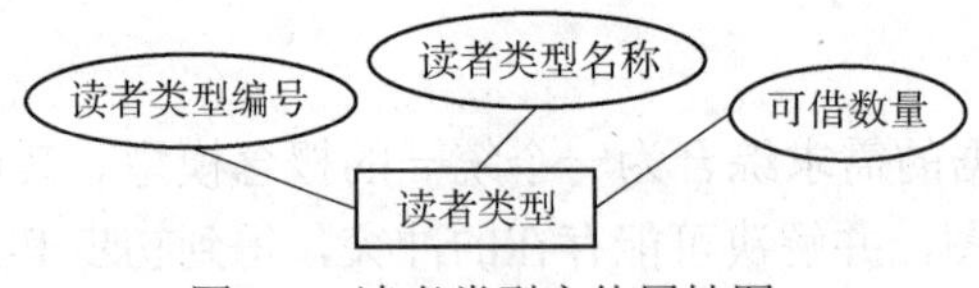

图 2-5 读者类型实体属性图

（5）读者信息实体。

读者信息实体包括读者编号、读者名称、读者类型编号、身份证号和已借数量，其中读者编号为主键。读者信息实体属性图如图 2-6 所示。

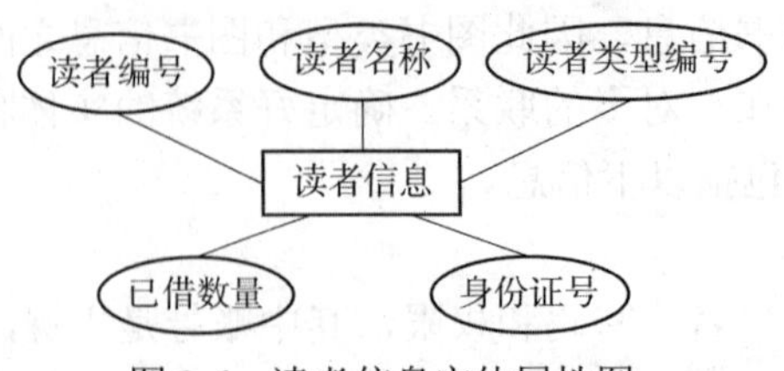

图 2-6 读者信息实体属性图

（6）借阅信息实体。

借阅信息实体包括借阅编号、图书编号、读者编号、借阅时间、应还时间、续借和罚金，其中借阅编号为主键。借阅信息实体属性图如图 2-7 所示。

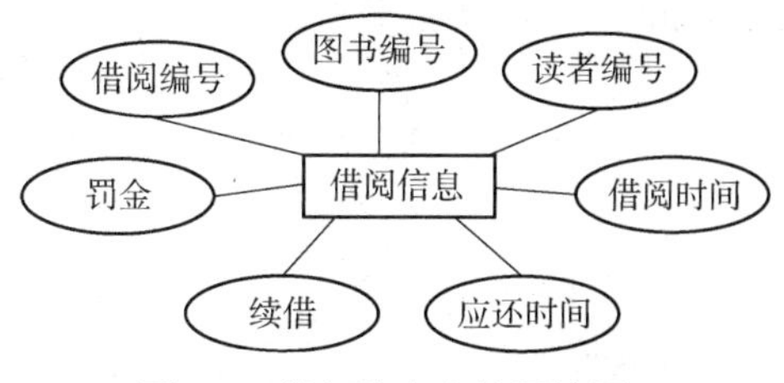

图 2-7　借阅信息实体属性图

（7）图书馆管理系统的 E-R 图。

根据实体之间的关系，图书、管理员和读者之间实体的简单 E-R 图如图 2-8 所示。

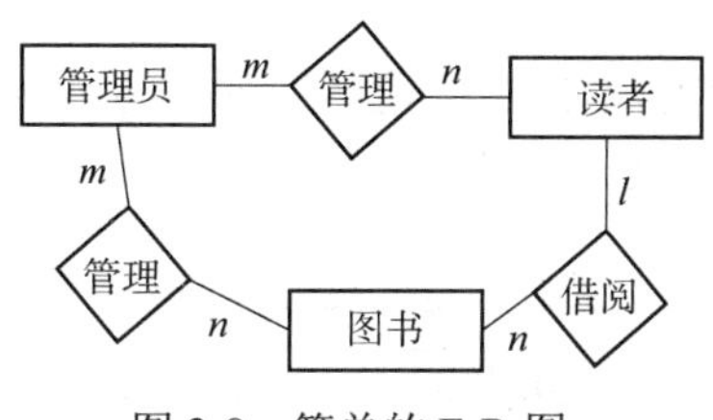

图 2-8　简单的 E-R 图

3. 数据库逻辑设计

数据库的逻辑结构设计就是把概念结构设计阶段设计好的基本实体-关系图转换为与选用的数据库管理系统产品所支持的数据模型相符合的逻辑结构。

根据数据库逻辑结构的转换规则，即一个实体转换为一个关系模式、一个 1∶1 联系转换为一个独立的关系模式、一个 1∶*n* 联系转换为一个独立的关系模式以及一个 *m*∶*n* 联系转换为一个独立的关系模式等，将图书馆管理系统中的 E-R 图转换关系模式分为以下几种，其中带下划线的为标识的关键字。

（1）用户（<u>账号</u>，用户名，密码，权限）。

（2）图书类型（<u>图书类型编号</u>，图书类型名称）。

（3）图书信息（<u>图书编号</u>，图书名称，作者，ISBN，现存量，总库存，出版社，图书类型编号，书架）。

（4）读者类型（<u>读者类型编号</u>，读者类型名称，可借数量）。

（5）读者信息（<u>读者编号</u>，读者名称，读者类型编号，身份证号，已借数量）。

（6）借阅信息（<u>借阅编号</u>，<u>图书编号</u>，<u>读者编号</u>，借阅时间，应还时间，续借，罚金）。

4. 数据库物理设计

物理设计的任务是将逻辑设计在具体的数据库管理系统中实现，本系统采用 SQL Server 2008 实现数据库管理，并完成数据库和表的创建。

（1）BMSTable 数据库。

在 SQL Server 2008 数据库管理系统中输入创建数据库 BMSTable 的语句，具体 SQL 语句如下：

```
create database BMSTable
on primary(
  name=BMSTable,
  filename='D:\BMSTable.mdf',
  size=3MB,
  filegrowth=1MB )
log on(
  name=BMSTable_log,
  filename='D:\BMSTable_log.ldf',
  size=1MB,
  maxsize=unlimited,
  filegrowth=10%   )
```

（2）users 用户表。

users 用户表用来保存用户的基本信息，包括用户账号 userid、用户名 uname、密码 upwd 和权限 limit。表 users 的结构如表 2-1 所示。

表 2-1　表 users 的结构

字段名	数据类型	描　述
userid	int	账号，主键
uname	varchar(20)	用户名，不为空
upwd	varchar(20)	密码，不为空
limit	int	权限，不为空

创建 users 用户表的 SQL 语句如下：

```
create table users(
  userid int primary key,
  uname varchar(20) not null,
  upwd varchar(20) not null,
  limit int not null   )
```

（3）booktype 图书类型表。

booktype 图书类型表用来保存图书类型的基本信息，包括图书类型编号 booktypeid、图书类型名称 booktypename。表 booktype 的结构如表 2-2 所示。

表 2-2　表 booktype 的结构

字段名	数据类型	描　述
booktypeid	int	图书类型编号，主键
booktypename	varchar(20)	图书类型名称，不为空

创建 booktype 图书类型表的 SQL 语句如下：

```
create table booktype(
  booktypeid int primary key,
  booktypename varchar(20) not null   )
```

（4）bookinfo 图书信息表。

bookinfo 图书信息表用来保存图书的基本信息，包括图书编号 bookid、图书名称 bookname、作者 author、价格 price、ISBN 书号 isbn、现存量 nownumber、总库存 total、出版社 pubname、图书类型编号 booktypeid 和书架 casename。表 bookinfo 的结构如表 2-3 所示。

表 2-3 表 bookinfo 的结构

字段名	数据类型	描　述
bookid	int	图书编号，主键
bookname	varchar(20)	图书名称，不为空
author	varchar(20)	作者
price	decimal(18,2)	价格
isbn	varchar(20)	ISBN
nownumber	int	现存量
total	int	总库存
pubname	varchar(20)	出版社
booktypeid	int	图书类型编号
casename	varchar(20)	书架

创建 bookinfo 图书信息表的 SQL 语句如下：

```
create table bookinfo(
  bookid int primary key,
  bookname varchar(20) not null,
  author varchar(20),
  price decimal(18,2),
  isbn varchar(20),
  nownumber int,
  total int,
  pubname varchar(20),
  booktypeid int,
  casename varchar(20)  )
```

（5）readertype 读者类型表。

readertype 读者类型表用来保存读者类型的基本信息，包括读者类型编号 readertypeid、读者类型名称 readertypename 和可借数量 number。表 readertype 的结构如表 2-4 所示。

表 2-4 表 readertype 的结构

字段名	数据类型	描　述
readertypeid	int	读者类型编号，主键
readertypename	varchar(20)	读者类型名称，不为空
number	int	可借数量

创建 readertype 读者类型表的 SQL 语句如下：

```
create table readertype(
  readertypeid int primary key,
```

```
readertypename varchar(20) not null,
number int    )
```

（6）readerinfo 读者信息表。

readerinfo 读者信息表用来保存读者的基本信息，包括读者编号 readerid、读者名称 readername、读者类型编号 readertypeid、身份证号 idcard 和已借数量 borrownumber。表 readerinfo 的结构如表 2-5 所示。

表 2-5　表 readerinfo 的结构

字段名	数据类型	描　　述
readerid	int	读者编号，主键
readername	varchar(20)	读者名称，不为空
readertypeid	int	读者类型编号
idcard	varchar(20)	身份证号
borrownumber	int	已借数量

创建 readerinfo 读者信息表的 SQL 语句如下：

```
create table readerinfo(
  readerid int primary key,
  readername varchar(20) not null,
  readertypeid int,
  idcard varchar(20),
  borrownumber int    )
```

（7）borrowinfo 借阅信息表。

borrowinfo 借阅信息表用来保存图书借阅、归还和续借的基本信息，包括借阅编号 id、图书编号 bookid、读者编号 readerid、借阅时间 borrowdate、应还时间 returndate、续借 renew 和罚金 fine。表 borrowinfo 的结构如表 2-6 所示。

表 2-6　表 borrowinfo 的结构

字段名	数据类型	描　　述
id	int	借阅编号，主键，自增
bookid	int	图书编号，不为空
readerid	int	读者编号
borrowdate	datetime	借阅时间
returndate	datetime	应还时间
renew	char(2)	续借
fine	decimal(18,2)	罚金

创建 borrowinfo 借阅信息表的 SQL 语句如下：

```
create table borrowinfo(
  id int primary key,
  bookid int,
```

```
readerid int,
borrowdate datetime,
returndate datetime,
renew char(2),
fine decimal(18,2)   )
```

2.4 项目预览

本书主要围绕管理员功能，通过知识点进行项目讲解，读者功能可作为项目扩展内容实施操作，图 2-9 至图 2-17 所示项目预览为管理员功能。

图 2-9 登录界面

图 2-10 主界面

图 2-11 图书类型管理界面

图 2-12　图书信息管理界面

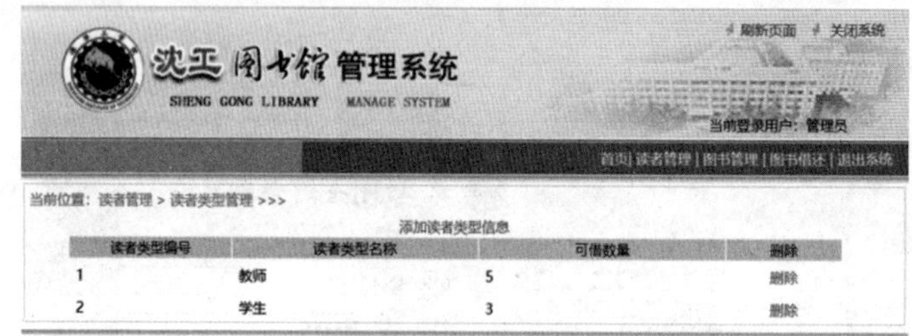

图 2-13　读者类型管理界面

图 2-14　读者信息管理界面

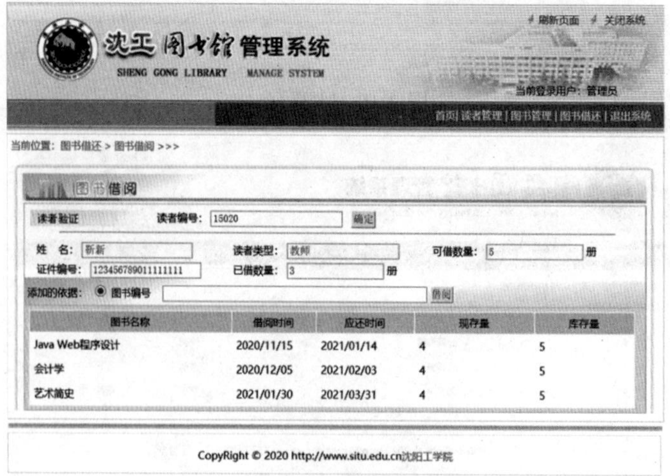

图 2-15　图书借阅界面

图 2-16 图书续借界面

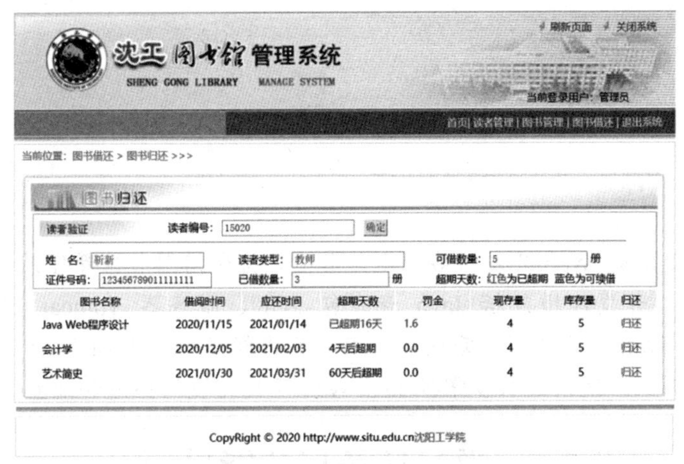

图 2-17 图书归还界面

2.5 项 目 小 结

本项目重点讲解了图书馆管理系统的分析与设计过程，包括需求分析、可行性分析、项目设计目标和项目功能模块图。在分析项目的需求分析中，根据计算机化的图书借阅管理，实现管理员、图书信息和读者信息之间的管理，使系统具备操作简单、数据存储量大、安全稳定和可扩展性强的特点。可行性分析通过介绍图书馆管理系统采用开源的 Java 编程语言和 Tomcat 服务器，校园支持的 SQL Server 数据库，使得技术和经济都具备可行性。项目设计目标围绕需求分析，使图书馆管理系统从视图层、业务逻辑处理层和数据层都具有可操作性和灵活性。系统功能模块是根据系统的分析，使其完成图书管理和图书借还等功能。数据库设计通过需求分析、概念设计、逻辑设计和物理设计，实现了数据库和表的功能。最后通过项目预览，使读者了解整个项目的基本功能。

项目3

搭建 Java Web 开发环境

项目描述

搭建开发环境是Java Web 开发的第一步，本项目将介绍图书馆管理系统开发中需要安装和配置的开发环境。开发环境包括 Java 开发包 JDK、服务器 Tomcat 以及集成开发环境 MyEclipse 的安装和配置。环境搭建完成后，本项目将创建一个 Java Web 工程，对代码进行基本编写、运行和调试，使读者初步掌握Java Web 开发环境的搭建和配置。

3.1　学习任务与技能目标

1. 学习任务

（1）JDK 的安装和配置。

（2）Tomcat 的安装和配置。

（3）MyEclipse 的安装和配置。

2. 技能目标

（1）安装和配置 JDK、Tomcat 和 MyEclipse。

（2）能够使用 MyEclipse 编写、运行和调试 Java Web 项目。

3.2　JDK 的安装和配置

任务 1：JDK 特性

JDK（Java Development Kit，Java 开发包）是整个 Java 的核心，包括 Java 运行环境、Java 工具和 Java 基础类库。JDK 是开发和运行 Java 环境的基础，当用户对 Java 程序进行编译和运行时，必须先安装 JDK。JDK 目录包括以下内容。

（1）bin 目录。该目录用于存放一些可执行程序，如 Java 编译器 javac.exe、Java 运行工具 java.exe、打包工具 jar.exe 和文档生成工具 javadoc.exe 等。

（2）db 目录。该目录是一个纯 Java 实现、开源的数据库管理系统，这个数据库不仅很轻便，而且支持 JDBC 所有的规范。

（3）include 目录。由于 JDK 是通过 C 和 C++实现的，因此在启动时需要引入一些 C 语言的头文件，该目录就是用于存放这些头文件的。

（4）jre 目录。该目录是 Java 运行时环境 JRE 的根目录，包含 Java 虚拟机，运行时的类包、Java 应用启动器及 bin 目录，但不包含开发环境中的开发工具。

（5）lib 目录。lib 是 library 的缩写，意为 Java 类库或库文件，是开发工具使用的归档包文件。

（6）src.zip 文件。src.zip 为 src 文件夹的压缩文件，src 中放置的是 JDK 核心类的源代码，通过该文件可以查看 Java 基础类的源代码。

注意：JDK 在安装过程中会生成 JDK 和 JRE 两个文件，其中 JDK 和 JRE 的区别在于，JRE（Java Running Environment，Java 运行环境）是 Java 程序的必需条件；JDK 是 Java 标准版的开发包，是一套用于开发 Java 应用程序的开发包，它提供了编译、运行 Java 程序所需的各种工具和资源，包括 Java 编译器、Java 运行环境以及常用的 Java 类库。一般情况下，如果只是运行 Java 程序，可以只安装 JRE，但是要开发 Java 程序，则需安装 JDK。

任务 2：JDK 下载

用户可以登录 Oracle 的官方网站 https://www.oracle.com/technetwork/java/javase/downloads/index.html 下载 JDK 的安装文件。图书馆管理系统的项目采用 JDK8 版本进行开发，JDK 下载界面如图 3-1 所示。项目开发的计算机采用 Windows10、64 位操作系统，因此选择【jdk-8u271-windows-x64.exe】文件进行下载，JDK 安装文件如图 3-2 所示。

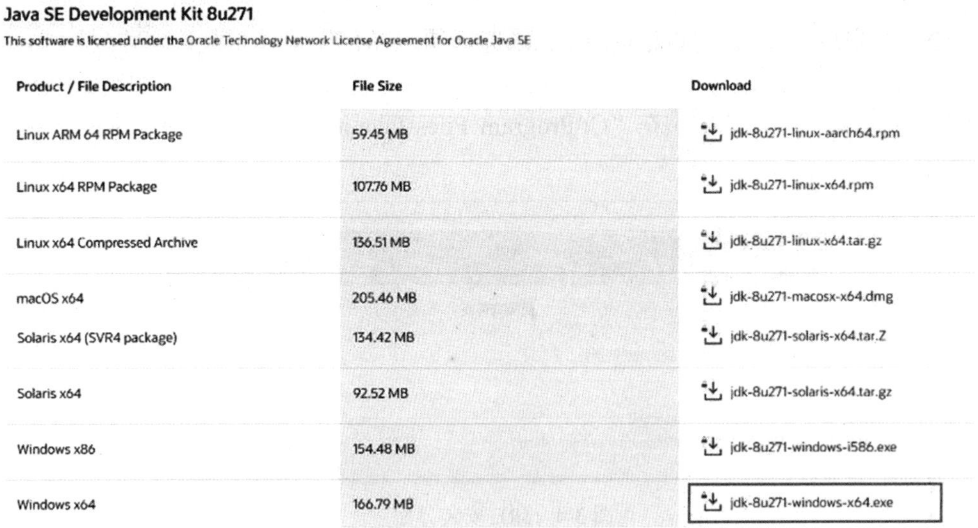

Java SE Development Kit 8u271

This software is licensed under the Oracle Technology Network License Agreement for Oracle Java SE

Product / File Description	File Size	Download
Linux ARM 64 RPM Package	59.45 MB	jdk-8u271-linux-aarch64.rpm
Linux x64 RPM Package	107.76 MB	jdk-8u271-linux-x64.rpm
Linux x64 Compressed Archive	136.51 MB	jdk-8u271-linux-x64.tar.gz
macOS x64	205.46 MB	jdk-8u271-macosx-x64.dmg
Solaris x64 (SVR4 package)	134.42 MB	jdk-8u271-solaris-x64.tar.Z
Solaris x64	92.52 MB	jdk-8u271-solaris-x64.tar.gz
Windows x86	154.48 MB	jdk-8u271-windows-i586.exe
Windows x64	166.79 MB	jdk-8u271-windows-x64.exe

图 3-1　JDK 下载界面

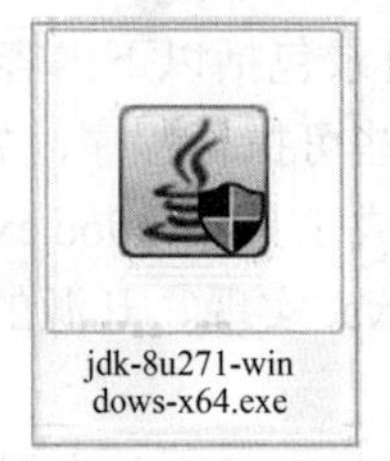

图 3-2　JDK 安装文件

任务 3：JDK 安装

双击文件 jdk-8u271-windows-x64.exe 进行安装，弹出 JDK 的安装路径，JDK 的安装界面如图 3-3 所示。

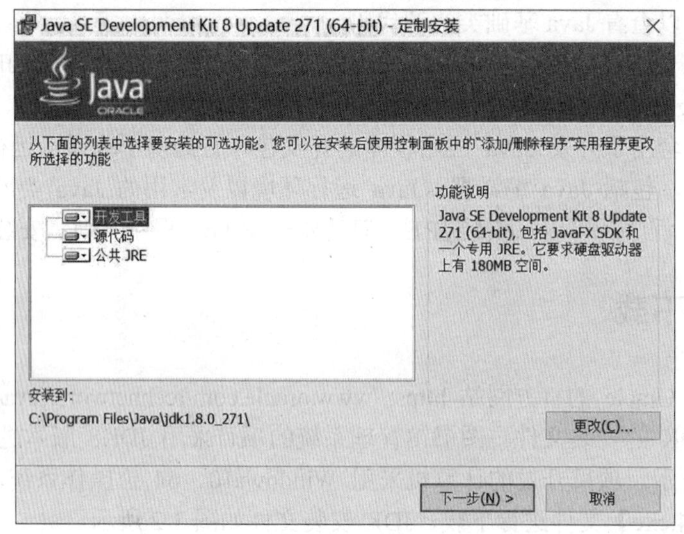

图 3-3　JDK 安装界面

在 JDK 的安装界面中，可以根据用户需求选择 JDK 的路径，本书默认安装在“C:\Program Files\Java\jdk1.8.0_271”中。单击【下一步】按钮，弹出【Java 安装-目标文件夹】对话框，显示 JRE 的安装路径，默认安装在“C:\Program Files\Java\jre1.8.0_271”中，JRE 安装界面如图 3-4 所示。

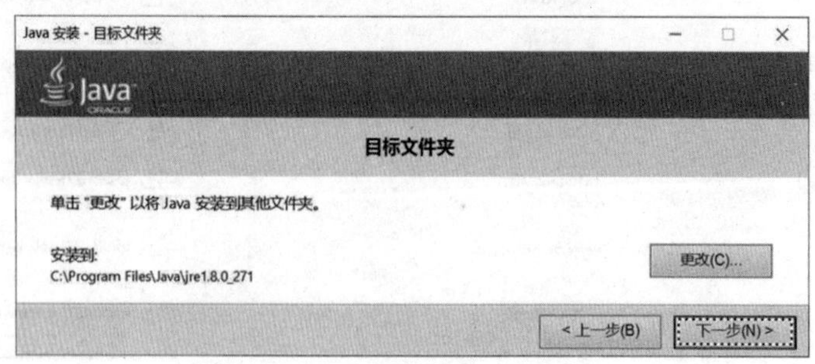

图 3-4　JRE 安装界面

单击 JRE 安装界面的【下一步】按钮，安装完成界面如图 3-5 所示。

图 3-5 安装完成界面

任务 4：JDK 环境变量配置

JDK 安装完成后，为了方便后续 MyEclipse 对 JDK 和 Tomcat 的配置，需要配置 4 个环境变量，具体内容如下。

（1）JAVA_HOME：Java JDK 的安装路径。

（2）JRE_HOME：Java JRE 的安装路径。

（3）Path：Java JDK 开发工具的路径，即 JDK 中 bin 目录。

（4）CLASSPATH：Java 程序所需要的类路径，即 JDK 中 lib 目录中的 jar 文件。

配置过程：右击【我的电脑】，选择快捷菜单中的【属性】→【高级系统设置】命令，弹出【系统属性】对话框。【系统属性】对话框如图 3-6 所示。

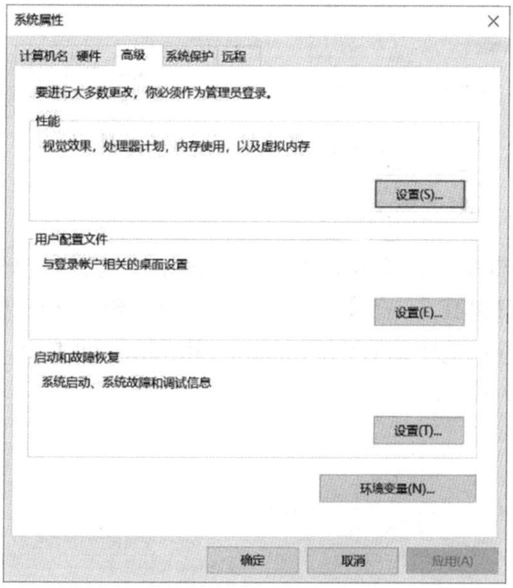

图 3-6 【系统属性】对话框

单击【系统属性】对话框中的【环境变量】按钮，弹出【环境变量】对话框。【环境变量】对话框如图 3-7 所示。

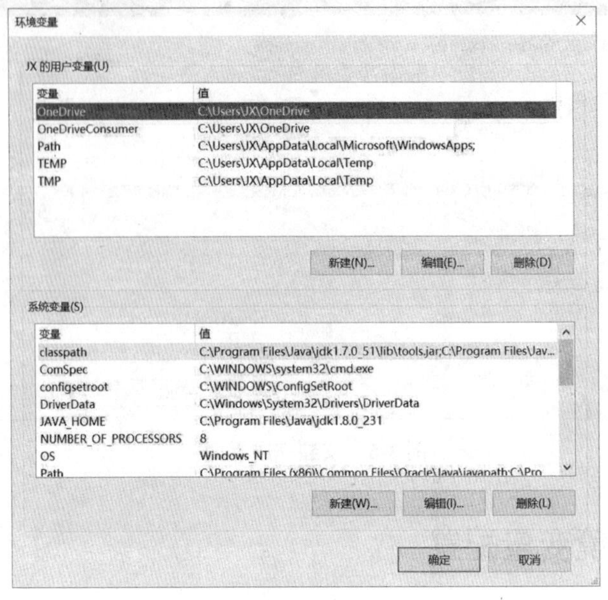

图 3-7 【环境变量】对话框

1. 设置 JAVA_HOME 环境变量

在【环境变量】对话框中单击【新建】按钮，弹出【编辑系统变量】对话框，在【变量名】文本框中输入“JAVA_HOME”，在【变量值】文本框中输入 JDK 的安装路径，本书 JDK 安装路径为“C:\Program Files\Java\jdk1.8.0_271”。JAVA_HOME 环境变量的设置界面如图 3-8 所示。

图 3-8 JAVA_HOME 环境变量的设置界面

2. 设置 JRE_HOME 环境变量

在【环境变量】对话框中单击【新建】按钮，弹出【编辑系统变量】对话框，在【变量名】文本框中输入“JRE_HOME”，在【变量值】文本框中输入 JRE 的路径，本书 JRE 的路径为“C:\Program Files\Java\jre1.8.0_271; C:\Program Files\Java\jdk1.8.0_271\jre”。JRE_HOME 环境变量的设置界面如图 3-9 所示。

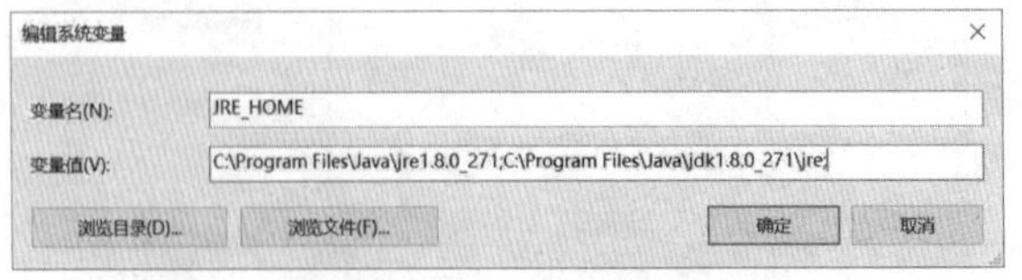

图 3-9 JRE_HOME 环境变量的设置界面

3. 设置 Path 环境变量

通常情况下，系统会自带 Path 环境变量，可以单击 Path 变量下的【编辑】按钮，弹出【编辑系统变量】对话框，在【变量值】文本框中输入 JDK 和 JRE 的 bin 文件路径，根据本书安装路径，变量值输入为“C:\Program Files\Java\jdk1.8.0_271\bin;C:\Program Files\Java\jre1.8.0_271\bin”。Path 环境变量的设置界面如图 3-10 所示。

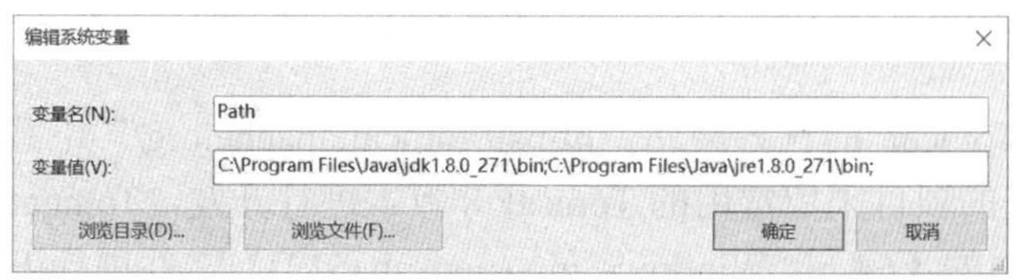

图 3-10　Path 环境变量的设置界面

4. 设置 CLASSPATH 环境变量

在【环境变量】对话框中单击【新建】按钮，弹出【编辑系统变量】对话框，在【变量名】文本框中输入“CLASSPATH”，在【变量值】文本框中输入编辑 Java 程序所需要的 lib 目录中的类文件路径，即“C:\Program Files\Java\jdk1.8.0_271\lib\dt.jar;C:\Program Files\Java\jdk1.8.0_271\lib\tools.jar”。CLASSPATH 环境变量的设置界面如图 3-11 所示。

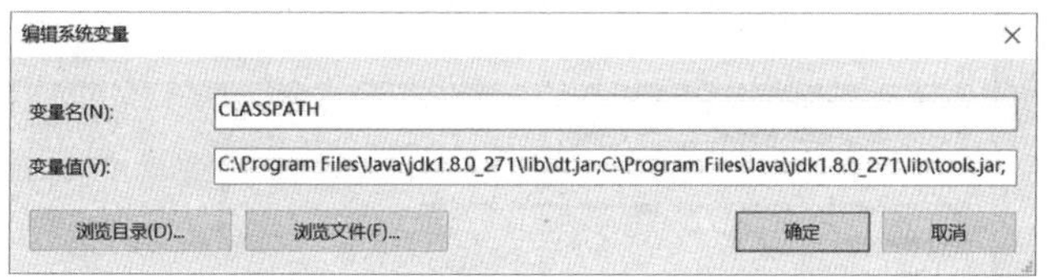

图 3-11　CLASSPATH 环境变量的设置界面

在命令提示符中输入命令 java -version，可以得到安装和配置好的 JDK 的版本信息。JDK 版本信息界面如图 3-12 所示。

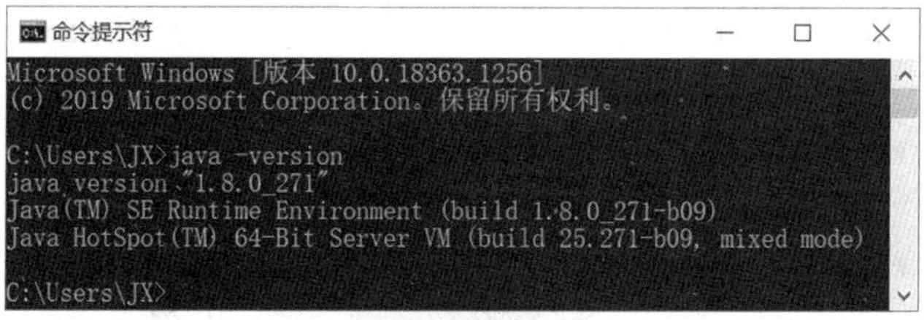

图 3-12　JDK 版本信息界面

3.3　Tomcat 的安装和配置

任务 5：Tomcat 服务器特性

Tomcat 是 Apache 软件基金会（Apache Software Foundation）的 Jakarta 项目中的一个核心项目，由 Apache、SUN 和其他一些公司及个人共同开发而成。Tomcat 服务器是一个免费的开放源代码的 Web 应用服务器，属于轻量级应用服务器。

Tomcat 服务器在中小型系统和并发访问用户不是很多的场合下被普遍使用，是开发和调试 JSP 或 Servlet 等程序的首选。当在一台机器上配置好 Tomcat 服务器后，可利用它响应页面的访问请求。由于 Tomcat 技术先进、性能稳定且免费，因而深受 Java 爱好者的喜爱，并得到了部分软件开发商的认可，成为目前比较流行的 Web 应用服务器。

任务 6：Tomcat 服务器的下载

用户可以登录 Tomcat 的官方网站“https://tomcat.apache.org/”下载对应版本的安装文件。图书馆管理系统的项目采用常用的 Tomcat 8 版本进行开发，Tomcat 下载界面如图 3-13 所示，单击图 3-13 中的【64-bit Windows zip (pgp, sha512)】文件进行下载，Tomcat 安装文件如图 3-14 所示。

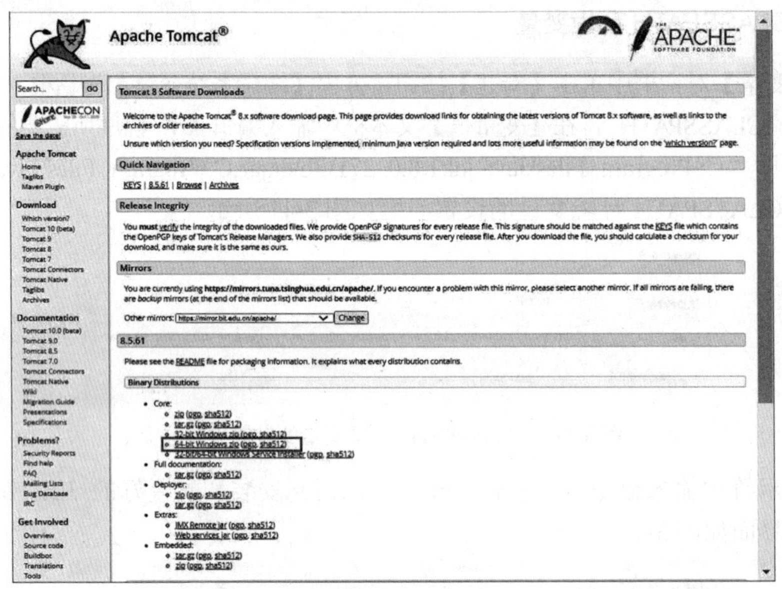

图 3-13　Tomcat 下载界面

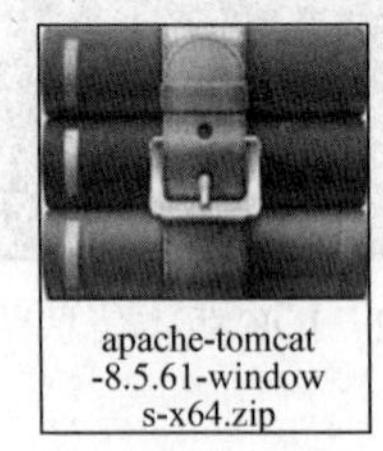

图 3-14　Tomcat 安装文件

任务 7：Tomcat 服务器的安装

将下载后的 Tomcat 压缩文件直接解压缩到指定目录，即可完成 Tomcat 的安装。解压缩后生成一个 apache-tomcat-8.5.61 的文件夹。Tomcat 服务安装时，需要在命令提示符中定位到 Tomcat 的 bin 目录下，输入命令 service.bat install 用于启动服务器。Tomcat 服务器启动界面如图 3-15 所示。

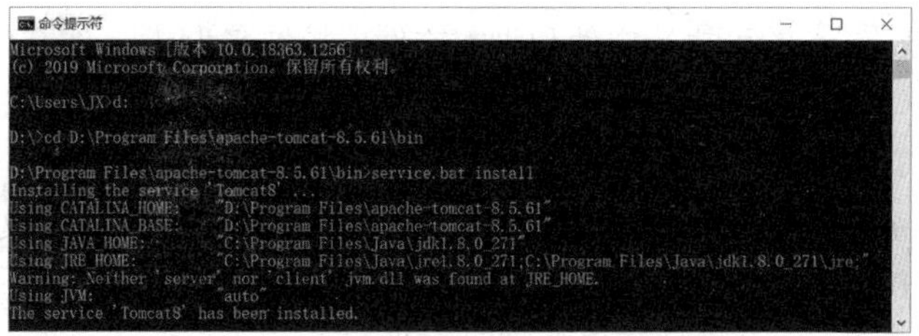

图 3-15　Tomcat 服务启动界面

双击 bin 目录中的 tomcat8w.exe 文件，可弹出 Tomcat 运行界面，Tomcat 运行界面如图 3-16 所示。

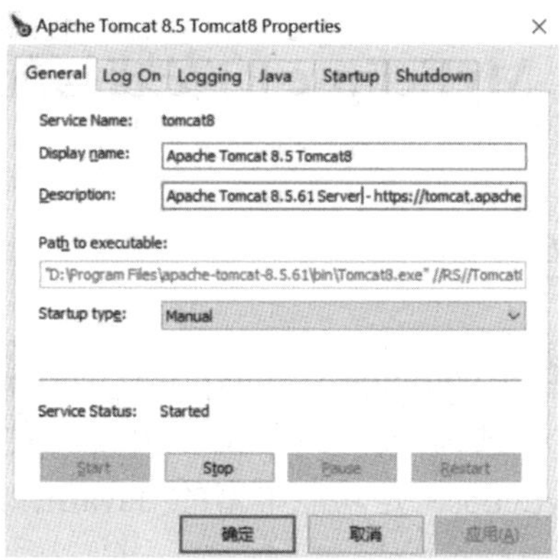

图 3-16　Tomcat 运行界面

单击 Tomcat 运行界面中的【Start】按钮，可启动 Tomcat 服务器。打开浏览器，输入网址“http://localhost:8080”，若显示图 3-17 所示的 Tomcat 欢迎页，则表示 Tomcat 安装成功。

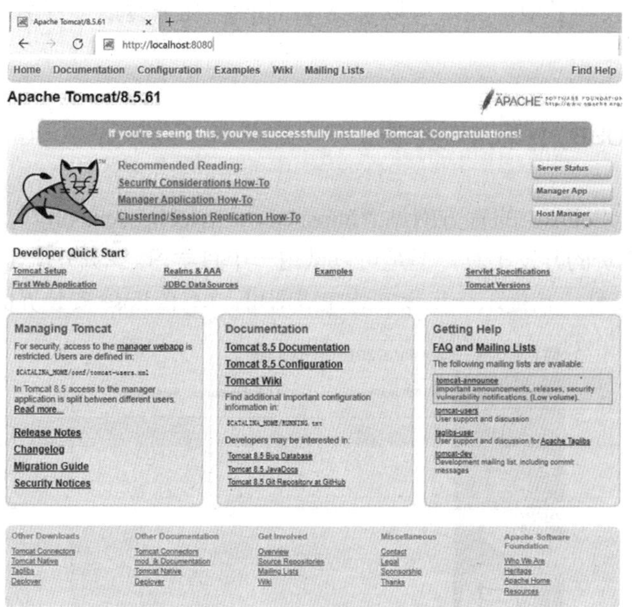

图 3-17　Tomcat 欢迎页

Tomcat 安装完成后，其目录中包含一系列的子目录，这些子目录分别用于存放不同功能的文件，Tomcat 主要目录包括以下几个。

（1）bin：存放 Tomcat 的可执行文件和脚本文件，扩展名为 bat 的文件，如 tomcat7.exe、startup.bat。

（2）conf：存放 Tomcat 的各种配置文件，如 web.xml、server.xml。

（3）lib：存放 Tomcat 服务器和所有 Web 应用程序需要访问的 JAR 文件。

（4）logs：存放 Tomcat 的日志文件。

（5）temp：存放 Tomcat 运行时产生的临时文件。

（6）webapps：Web 应用程序的主要发布目录，通常将发布的应用程序放到该目录下。

（7）work：Tomcat 的工作目录，JSP 编译生成的 Servlet 源文件和字节码文件放到这个目录下。

3.4 MyEclipse 的安装与配置

任务 8：MyEclipse 特性

MyEclipse 企业级工作平台（MyEclipse Enterprise Workbench，简称 MyEclipse）是对 EclipseIDE 的扩展，利用它可以在数据库和 JavaEE 的开发、发布以及应用程序服务器的整合方面极大地提高工作效率。MyEclipse 是功能丰富的 JavaEE 集成开发环境，包括完备的编码、调试、测试和发布功能。

MyEclipse 是一个十分优秀的用于开发 Java、JavaEE 的 Eclipse 插件集合，MyEclipse 的功能非常强大，所支持的产品也十分广泛，尤其是对各种开源产品的支持功能十分优秀。MyEclipse 可以支持 Java Servlet、AJAX、JSP、JSF、Struts、Spring、Hibernate、EJB3 和 JDBC 数据库链接工具等多项功能，可以说 MyEclipse 几乎囊括了目前所有主流开源产品的专属 Eclipse 开发工具。

任务 9：MyEclipse 下载和安装

用户可以登录 MyEclipse 的官方网站“https://www.myeclipsecn.com/”下载对应版本的安装文件，MyEclipse 是收费的开发工具，但是可以试用一个月学习。本书以 MyEclipse 2014 版本为开发工具，单击安装文件，按提示一步步安装完成即可。MyEclipse 安装界面如图 3-18 所示。

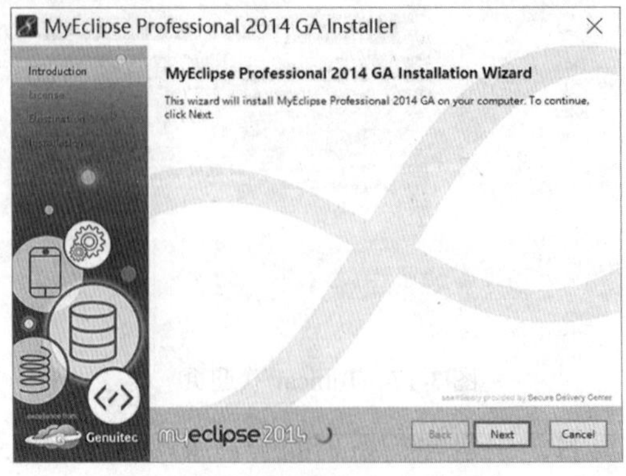

图 3-18　MyEclipse 安装界面

需要注意的是，MyEclipse 2014 开发环境自带了 JDK7 和 Tomcat 7，用户无须配置 3.2 节的 JDK8 和 3.3 节的 Tomcat 8，也可完成项目的开发。但是随着项目的升级，如果需要更高版本的 JDK 和 Tomcat，也无须安装高版本的 MyEclipse，只需要将高版本插件加入集成开发环境中即可，详细操作过程见 3.6 节。

3.5 第一个 Java Web 程序

任务 10：编写和运行 Java Web 程序

步骤 1：选择工作空间。

第一次打开 MyEclipse 开发环境时，会弹出【Workspace Launcher】对话框，提示用户设定 Workspace 的工作目录，默认情况下，MyEclipse 会自定义目录地址，如果用户希望项目存放到其他位置，可以通过单击【Browse…】按钮，选择对应的目录地址，单击【OK】按钮即可，工作空间选择界面如图 3-19 所示。

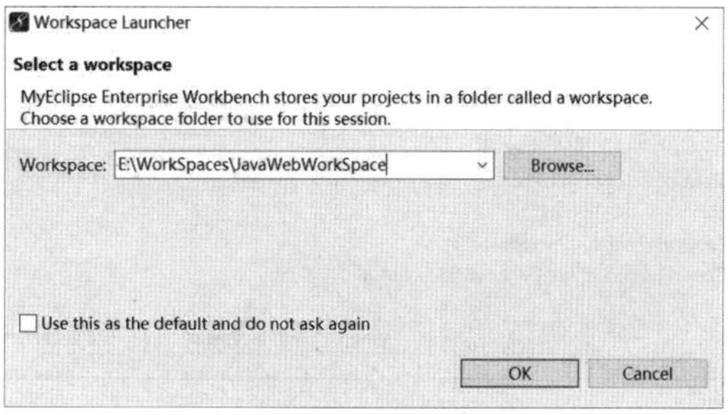

图 3-19 工作空间选择界面

步骤 2：创建项目。

在打开的 MyEclipse 工作空间中，单击【File】选项卡→【New】命令，选择【Web Project】选项，弹出【New Web Project】对话框，在【Project Name】文本框中输入项目名称 BMSProject，选择【Java EE version】为“JavaEE7-Web 3.1”版本，项目创建界面如图 3-20 所示。

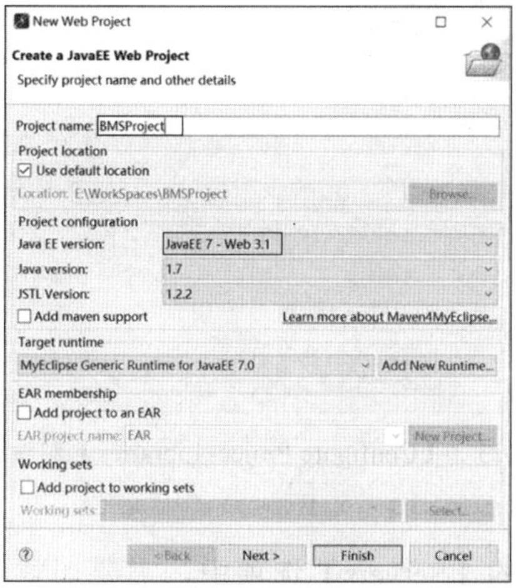

图 3-20 项目创建界面

在项目创建界面中，单击【Next】按钮，弹出【Java】对话框，用于创建 Java 包文件。【Java】对话框界面如图 3-21 所示。

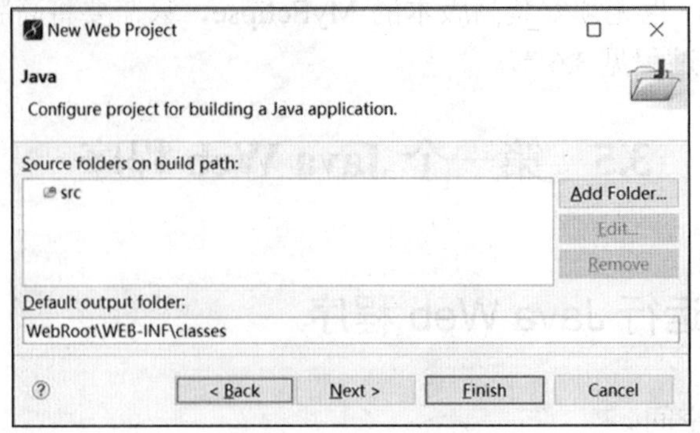

图 3-21 【Java】对话框

在【Java】对话框中单击【Next】按钮，弹出【Web Module】对话框，用于创建 Web 模块，如图 3-22 所示。

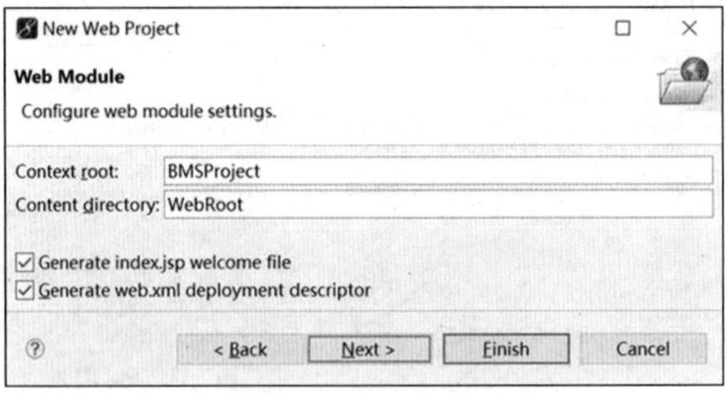

图 3-22 【Web Module】对话框

在【Web Module】对话框中单击【Next】按钮，弹出【Configure Project Libraries】对话框，用于配置 Web 项目的类库，如图 3-23 所示。单击【Finish】按钮，在 MyEclipse 开发环境中，Web 项目创建完毕。

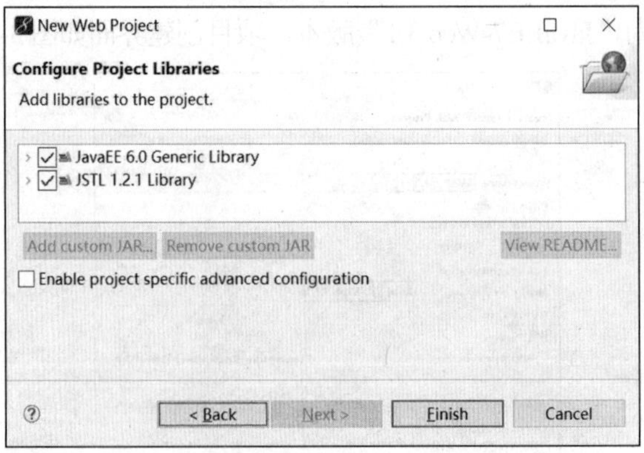

图 3-23 【Configure Project Libraries】对话框

步骤 3：部署项目。

在 MyEclipse 开发环境的【Servers】选项中，需要加载项目，右键单击【MyEclipse Tomcat 7】，选择快捷菜单中的【Add Deployment】命令，弹出【New Deployment】界面，在

【Project】中选择创建的项目为 BMSProject，单击【Finish】按钮即可完成项目的部署。项目部署界面如图 3-24 所示。

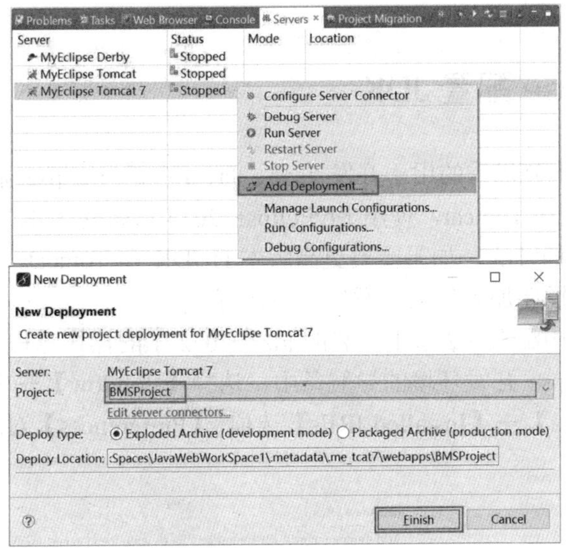

图 3-24　项目部署界面

步骤 4：启动服务器。

在 MyEclipse 开发环境的【Servers】选项中，需要启动服务器，右键单击【MyEclipse Tomcat 7】，选择快捷菜单中的【Run Server】命令，在【Console】面板中显示服务器启动信息。如果信息无错误提示，表示服务器加载完成项目并启动成功，服务器启动成功界面如图 3-25 所示。

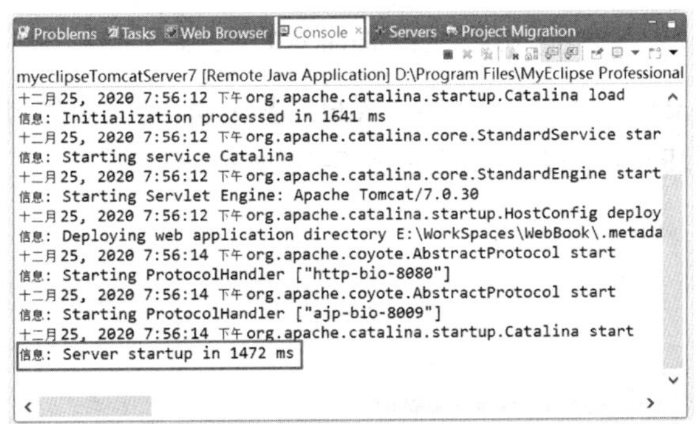

图 3-25　服务器启动成功界面

步骤 5：运行项目。

服务器启动成功后，可以运行项目，验证项目的可执行性。打开浏览器，输入网址“http://localhost:8080/BMSProject/index.jsp”，项目执行界面如图 3-26 所示。

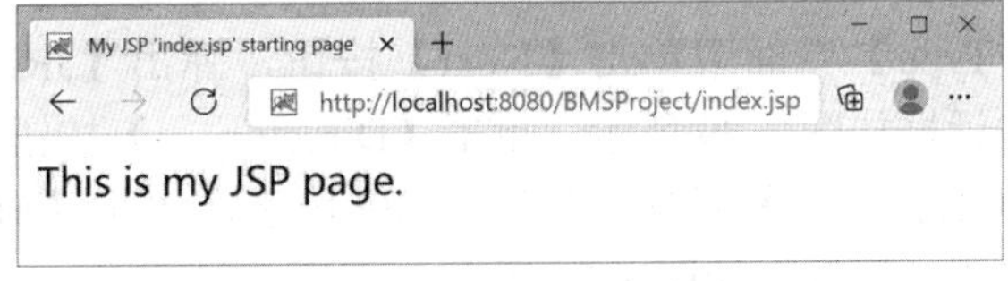

图 3-26　项目执行界面

3.6 MyEclipse 配置 JDK 和 Tomcat

任务 11：MyEclipse 配置 JDK

MyEclipse 是一个十分优秀的用于开发 Java、JavaEE 的 Eclipse 插件集合，由 3.5 节可以看出，无须配置 JDK 和 Tomcat，使用 MyEclipse 2014 自带的 JDK7 和 Tomcat 7 也可运行 Web 项目。但随着项目的升级，如果需要更高版本的 JDK 和 Tomcat，也无须卸载 MyEclipse 2014，只需要将高版本插件加入集成开发环境中即可。

在 MyEclipse 2014 中配置 3.2 节中安装的 jdk1.8.0_271 的操作过程如下。

步骤 1：在 MyEclipse 开发环境的导航条中，选择【Window】→【Preferences】，在弹出的属性界面中选择【Java】→【Installed JREs】选项，【Preferences】对话框如图 3-27 所示。

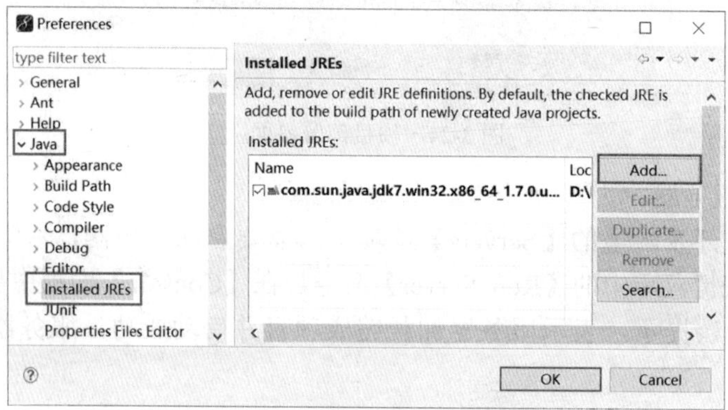

图 3-27 【Preferences】对话框

步骤 2：在 Preferences 界面中，单击【Add…】按钮，弹出【JRE Type】对话框，选择【Standard VM】选项。【JRE Type】对话框如图 3-28 所示。

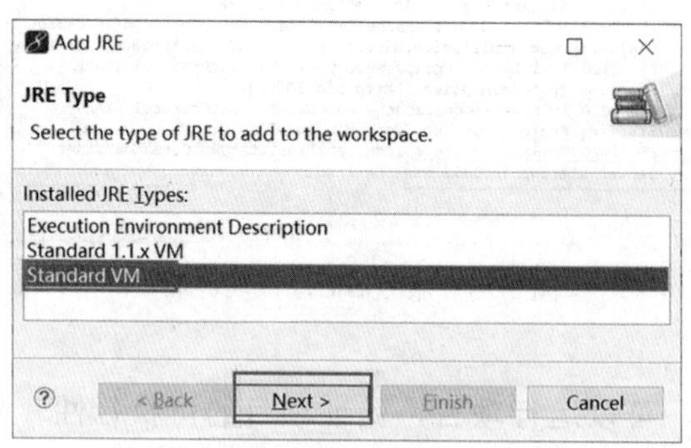

图 3-28 【JRE Type】对话框

步骤 3：在【JRE Type】界面中单击【Next】按钮，弹出【JRE Definition】对话框，【JRE Definition】设置对话框如图 3-29 所示，单击【Directory…】按钮，可浏览 3.2 节已经安装好的 JDK 路径，【浏览文件夹】对话框如图 3-30 所示，单击【确定】按钮，即可显示【JRE Definition】设置完成对话框，如图 3-31 所示。

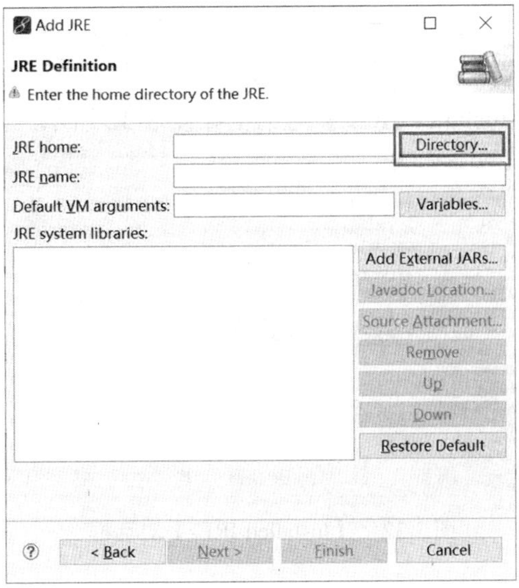

图 3-29 【JRE Definition】设置对话框

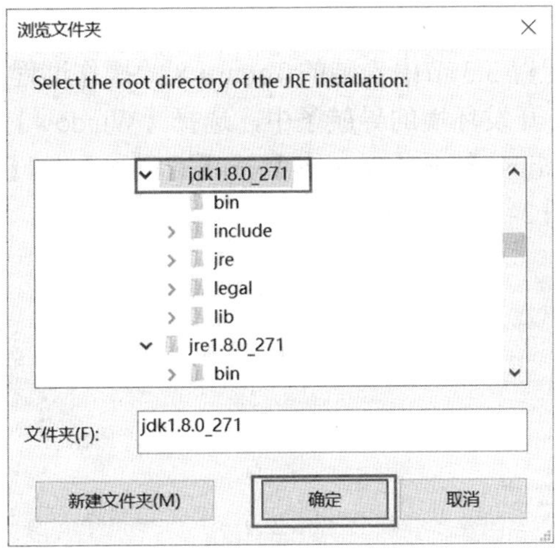

图 3-30 【浏览文件夹】对话框

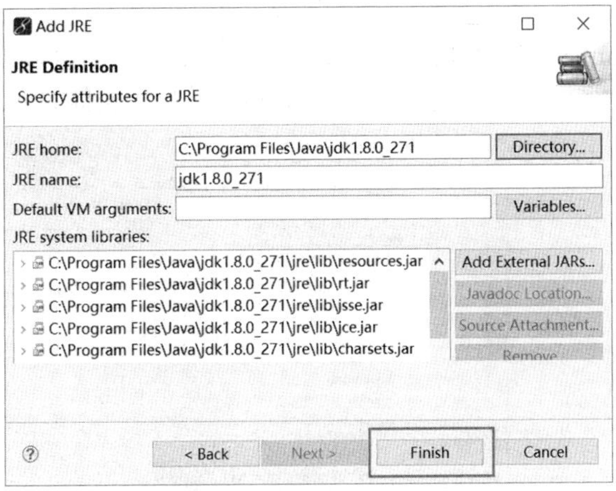

图 3-31 【JRE Definition】设置完成对话框

步骤 4：在【JRE Definition】设置完成对话框中单击【Finish】按钮，会弹出【Installed JREs】界面，在该界面中选择设置好的 jdk1.8.0_271 版本，表示该工作空间中的项目将采用此版本的 JDK 加载项目。【Installed JREs】对话框如图 3-32 所示。

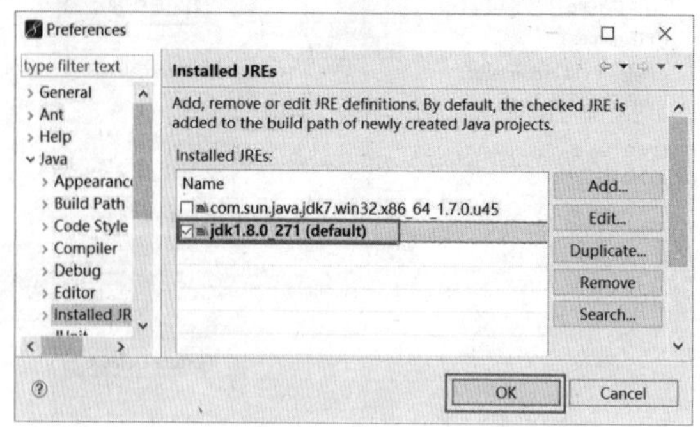

图 3-32 【Installed JREs】对话框

任务 12：MyEclipse 配置 Tomcat

在 MyEclipse 2014 中配置 3.3 节中安装的 Tomcat 8 的操作过程如下。

步骤 1：在 MyEclipse 开发环境的导航条中，选择【Window】→【Preferences】，在弹出的属性界面中选择【MyEclipse】→【Servers】→【Tomcat】→【Tomcat 8.x】选项，弹出【Tomcat 8.x】对话框，如图 3-33 所示。

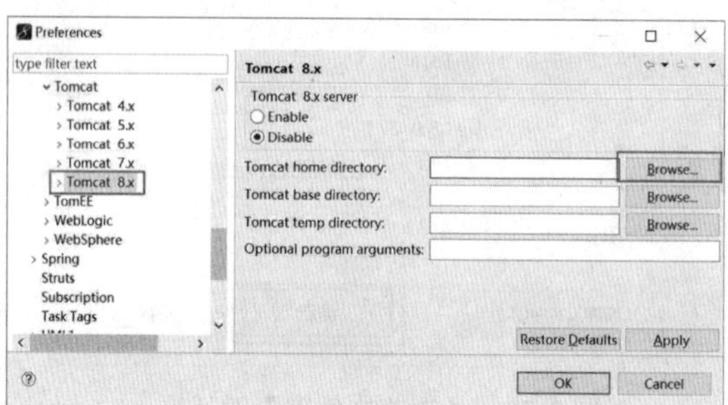

图 3-33 【Tomcat 8.x】对话框

步骤 2：单击【Tomcat 8.x】对话框中的【Browse...】按钮，弹出【浏览文件夹】对话框，选择“tomcat 8.5.61”的安装路径，单击【确定】按钮即可。【浏览文件夹】对话框如图 3-34 所示。

图 3-34 【浏览文件夹】对话框

步骤 3：在【Tomcat 8.x】对话框中，可以看出【Tomcat home directory】等文本框已经自动导入 Tomcat 加载的文件，【Tomcat 8.x】对话框如图 3-35 所示。需要注意的是，选中【Enable】单选按钮，配置好的 Tomcat 8.x 版本可以在 MyEclipse 的【Server】栏中显示，【Servers】选项卡如图 3-36 所示。

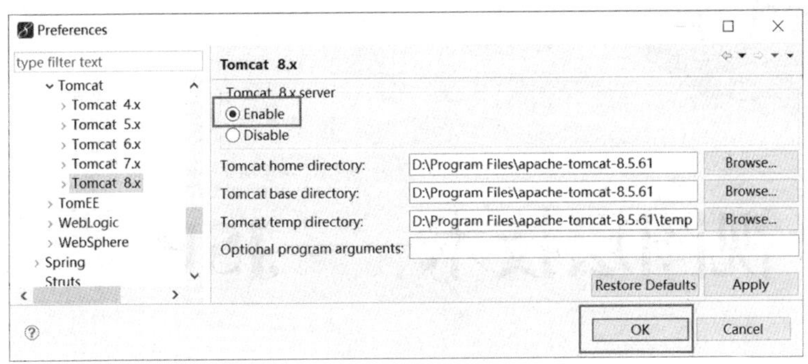

图 3-35 【Tomcat 8.x】对话框

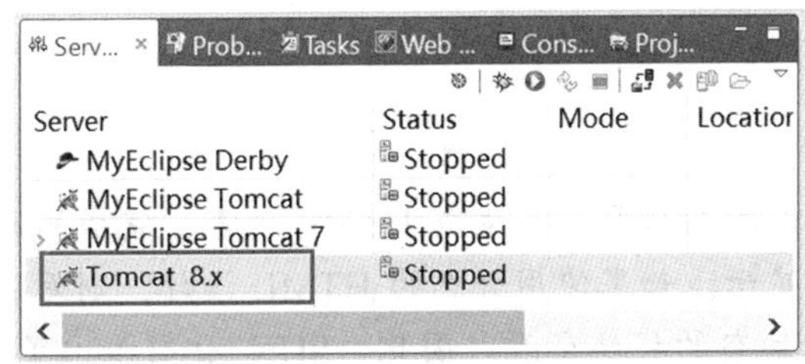

图 3-36 【Servers】选项卡

由此可见，通过在 MyEclipse 开发环境中配置不同版本的 JDK 和 Tomcat，可以满足不同项目的需求。

3.7 项 目 小 结

本项目重点讲解了搭建 Java Web 开发环境的相关文件的安装和配置。JDK 是整个 Java 的核心，包括 Java 运行环境、Java 工具和 Java 基础类库。JDK 是开发和运行 Java 环境的基础，当用户对 Java 程序进行编译和运行时，必须先安装 JDK。本书详细讲解了 JDK 的安装和配置过程。Java Web 是用 Java 技术来解决相关 Web 互联网领域的技术总和，Java Web 项目需要服务器的支持，Tomcat 作为一个免费开源的 Web 应用服务器，很好地支持了 Java Web 项目的开发，本书详细讲解了 Tomcat 服务的安装和配置。MyEclipse 作为一款功能丰富的 JavaEE 集成开发环境，包括完备的编码、调试、测试和发布功能，方便用户对 Web 项目进行相关的开发和应用。此外，还可在 MyEclipse 开发环境中配置不同版本的 JDK 和 Tomcat，以满足不同项目的需求。

项目4

视图层技术——JSP

项目描述

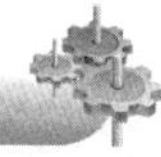

在动态网页开发中，视图层需要动态生成HTML内容，完成界面的设计。在图书馆管理系统中，所有信息页面的显示，如果使用静态的HTML设计，则无法完成网页表单获取用户信息、访问数据库及其他动态的程序交互。因此，SUN公司推出了JSP技术，它是一种由HTML代码和嵌入其中的Java代码共同组成，并且运行在服务器端的应用程序，通过JSP技术，真正实现了系统视图层的功能。

4.1 学习任务与技能目标

1. 学习任务

（1）JSP基本概念。
（2）JSP基本原理。
（3）JSP基本语法。
（4）JSP EL表达式。
（5）JSTL标准标记库。

2. 技能目标

（1）了解JSP的基本概念和作用。
（2）掌握JSP的工作原理。
（3）掌握JSP的基本语法。
（4）掌握JSP EL表达式的用法。
（5）掌握JSTL标准标记库中核心标记库的用法。

4.2 JSP基本特性

任务1：JSP概述

JSP（Java Server Pages）表示Java服务器页面，它是一种独立于操作系统平台，且运行在服务器端的应用程序，它可以生成动态的Web页面。JSP是建立在Java Servlet规范之上的动态网页开发技术。JSP文件是由HTML代码和嵌入其中的Java代码共同组成的，HTML主要结合CSS、JavaScript等技术完成页面效果，嵌入的Java程序不但可以完成Java的基础功能，还可以进行数据库连接和操作以及页面转向等，以此完成动态网页所需功能，为了与传统HTML有所区别，JSP文件的扩展名为.jsp。

由于JSP技术所开发的Web应用程序是基于Java的，它可以用一种简捷而快速的方法从Java程序生成Web页面，其使用上具备了跨平台、面向对象、业务代码相分离和安全可靠等特性。

任务2：JSP工作原理

JSP运行在服务器端，支持表现层的实现，JSP设计的目的在于简化视图层的表示。JSP的工作原理如图4-1所示。

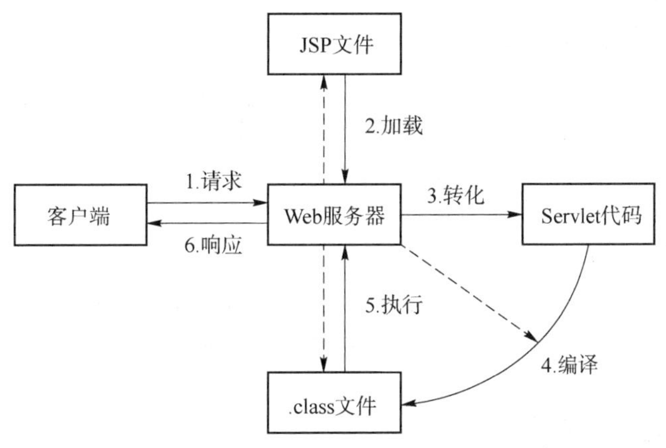

图4-1　JSP运行原理

（1）客户端发送请求至Web服务器端。

（2）Web服务器将请求信息提交至JSP，即加载JSP文件。

（3）Web服务器将JSP文件转化成Java源文件，即Servlet代码，在转化过程中，如果发现JSP文件中存在语法错误，可中断转化过程，并向服务器端和客户端返回出错信息。

（4）如果转化成功，则Web服务器将生成的Java源文件（Servlet代码）编译成相应的字节码文件*.class。

（5）Web服务器执行字节码文件。

（6）当请求处理完成后，响应对象由Web服务器接收，并将HTML格式或其他格式的响应信息发送回客户端。

4.3 JSP基本语法

任务3：JSP注释

同其他各种编程语言一样，JSP有自己的注释语句，主要包括以下两种注释方式。

1. HTML注释

JSP文件是由HTML代码和嵌入其中的Java代码组成的，因此JSP文件中可以采用HTML的注释方式，在这种注释方式下，服务器会将注释内容发送到客户端，因此客户通过浏览器查看JSP页面的源文件时，能够看到注释的内容。具体语法格式如下：

```
<!-- 注释 -->
```

2. JSP注释

JSP的注释形式中，Web服务器在将JSP页面编译成Servlet程序时，会忽略JSP页面中被注释的内容，不会将注释信息发送到客户端，即注释内容不会被发送至浏览器甚至不会被编译。具体语法格式如下：

```
<%-- 注释 --%>
```

任务4：JSP脚本元素

JSP的脚本元素是指可以将任何数量的、有效的和可执行的Java程序代码包含在HTML页面中，JSP脚本元素需要将Java程序代码嵌套在“<%”和“%>”之间。具体语法格式如下：

```
<%  Java代码  %>
```

需要注意的是，JSP页面可以包含任意多个脚本元素，编写的任何文本、HTML标记等必须在JSP脚本元素之外，Java程序代码最终转换为Servlet的一部分。

任务5：JSP输出表达式

JSP输出表达式用于将程序的数据或计算结果输出到客户端，输出表达式中的变量必须是前面已声明过的变量。具体语法格式如下：

```
<%=输出表达式 %>
```

需要注意的是，<、%与=之间不能有空格，输出表达式后面不需要有分号。

下面通过一个简单的JSP程序，了解JSP注释、脚本元素和输出表达式的用法。在MyEclipse开发环境的BMSProject项目中右键单击，选择快捷菜单中的【New】→【JSP】命令，弹出【JSP Wizard】对话框，如图4-2所示。由图4-2可见，JSP文件默认放在WebRoot目录中，并创建名为MyJsp.jsp的文件。

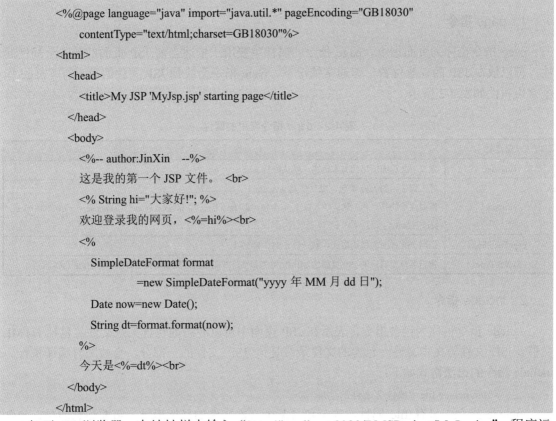

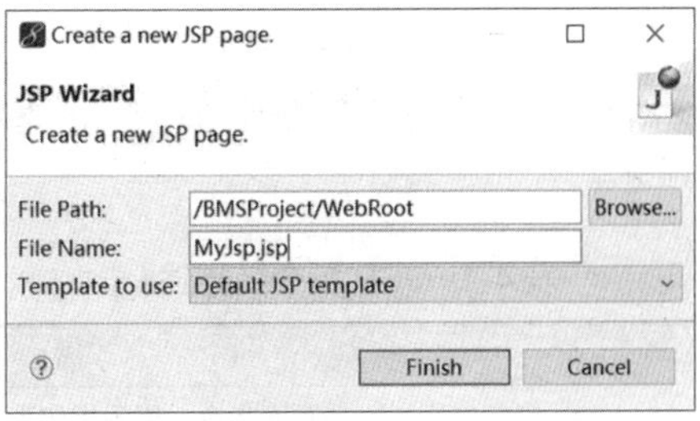

图 4-2 【JSP Wizard】对话框

程序4-1：MyJsp.jsp

```
<%@page language="java" import="java.util.*" pageEncoding="GB18030"
    contentType="text/html;charset=GB18030"%>
<html>
  <head>
    <title>My JSP 'MyJsp.jsp' starting page</title>
  </head>
  <body>
    <%-- author:JinXin   --%>
    这是我的第一个 JSP 文件。 <br>
    <% String hi="大家好!"; %>
    欢迎登录我的网页，<%=hi%><br>
    <%
      SimpleDateFormat format
              =new SimpleDateFormat("yyyy 年 MM 月 dd 日");
      Date now=new Date();
      String dt=format.format(now);
    %>
    今天是<%=dt%><br>
  </body>
</html>
```

打开 IE 浏览器，在地址栏中输入“http://localhost:8080/BMSProject/MyJsp.jsp”，程序运行结果如图 4-3 所示。

图 4-3 JSP 运行结果界面

任务 6：JSP 指令

JSP 指令用来设置与整个 JSP 页面相关的属性。常用的指令包括 page、include 和

taglib，具体语法格式如下：

```
<%@指令名 属性名1="属性值1" 属性名2="属性值2" ……%>
```

JSP 指令名描述如表 4-1 所示。

表 4-1 JSP 指令名描述

指令名	描 述
<%@page ……%>	页面指令，用于指定当前页面中 JSP 的属性
<%@include ……%>	包含指令，用于包含其他文件
<%@taglib ……%>	标记库指令，引入标记库的指令

1. page 指令

page 指令也称为页面指令，page 指令的属性主要用于描述当前 JSP 页面的一些全局性属性，可以放在 JSP 的任意位置，但通常情况下，page 指令会放到 JSP 文件的第一行，page 指令常用属性如表 4-2 所示。

表 4-2 page 指令常用的属性

属性名	描 述
language	定义 JSP 页面所用的脚本语言，默认值是 Java
import	导入要使用的 Java 类包，默认值是 java.util.* 需要注意的是，JSP 默认导入以下 4 个包，即 java.lang.*、javax.servlet.*、javax.servlet.jsp.*和 javax.servlet.http.*
pageEncoding	当前 JSP 页面的编码格式，默认值是 ISO-8859-1
contentType	指定客户端响应的 JSP 页面的 MIME 类型和字符编码格式，默认值是 text/html;charset=ISO-8859-1

2. include 指令

include 指令也称为包含指令，表示在 JSP 页面中可以静态地包含某些文件，包括 HTML 文件、JSP 文件等文本文件，包含的文件最终是该 JSP 文件的一部分，会被同时编译执行。include 指令的语法格式如下：

```
<%@include file="被包含文件的地址"%>
```

include 指令中只有 file 属性，表示包含某个文本文件的目标地址，需要注意的是，包含文件的路径一般不以“/”开头，而使用相对路径。

3. taglib 指令

taglib 指令是标记库指令，用于引入标记库，taglib 指令的语法格式如下：

```
<%@taglib uri="标记库对应的 URI 地址" prefix="标记的前缀"%>
```

taglib 指令在 JSP 的 JSTL 标记库中详细讲解。

下面通过程序演示，主要讲解 JSP 指令元素 page 和 include 的应用。

程序 4-2：banner.jsp

```
<%@page language="java" import="java.util.*"pageEncoding="GB18030"
    contentType="text/html;charset=GB18030"%>
<html>
```

```
<head> <title>信息栏界面</title></head>
<body>
  <a href="#" onClick="window.location.reload();">刷新页面</a><br>
  <a href="#" onClick="javascript:window.close();">关闭系统</a><br>
    当前登录用户：  <br>
</body>
</html>
```

程序4-3：copyright.jsp

```
<%@page language="java" import="java.util.*" pageEncoding="GB18030"
     contentType="text/html;charset=GB18030"%>
<html>
  <head><title>版权信息界面</title></head>
  <body>
    CopyRight &copy; 2020 http://www.situ.edu.cn
    <a href=" http://www.situ.edu.cn/">沈阳工学院<a/>
  </body>
</html>
```

程序 4-4：bookinfo_file.jsp

```
<%@page language="java" import="java.util.*" pageEncoding="GB18030"
     contentType="text/html;charset=GB18030"%>
<html>
  <head><title>图书信息界面</title></head>
<body>
<%@include file="banner.jsp"%>
<form action="bookinfo_result.jsp" method="post">
  图书编号：<input name="bookid" type="text"><br>
  图书名称：<input name="bookname" type="text" > <br>
  图书类型：
  <input type="radio" name="typename" value="计算机类">计算机类
  <input type="radio" name="typename" value="经管类">经管类
  <input type="radio" name="typename" value="科幻类">科幻类
  <input type="radio" name="typename" value="文学类">文学类<br>
  作者：<input name="author" type="text" ><br>
  出版社：
  <select name="pubname">
    <option value="清华大学出版社">清华大学出版社</option>
    <option value="人民邮电出版社">人民邮电出版社</option>
    <option value="北京理工大学出版社">北京理工大学出版社</option>
  </select><br>
  价格：<input name="price" type="text">(元)<br>
```

```
    适用人群：
    <input type="checkbox" name="crowd" value="专科">专科
    <input type="checkbox" name="crowd" value="本科">本科
    <input type="checkbox" name="crowd" value="硕士">硕士
    <input type="checkbox" name="crowd" value="博士">博士<br>
    备注：<textarea cols="40" rows="3" name="content"></textarea><br>
    <input type="submit" value="保存">
    <input type="reset" value="返回">
  </form>
  <%@include file="copyright.jsp"%>
  </body>
  <html>
```

打开 IE 浏览器，在地址栏中输入“http://localhost:8080/BMSProject/bookinfo_file.jsp”，并在表单中输入有效信息，程序运行结果如图 4-4 所示。

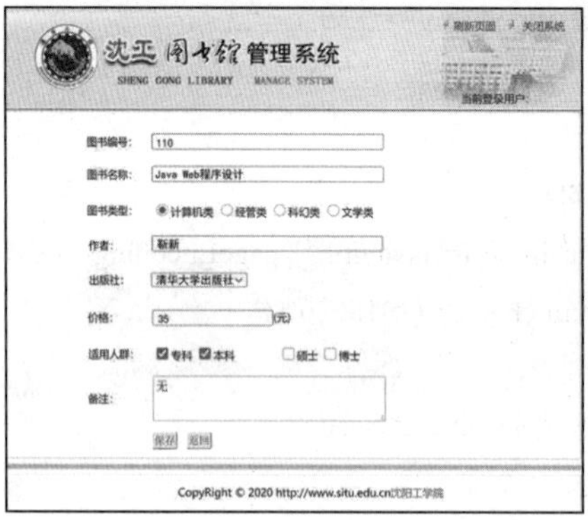

图 4-4　图书信息界面

任务 7：JSP 动作元素

JSP 动作元素用来控制 JSP 的行为，利用 JSP 动作元素可以完成的功能包括动态地插入文件、重用 JavaBean 组件、把用户定向到另外的页面或者为 Java 插件生成 HTML 代码等。JSP 动作元素是用 XML 语法写成的。

JSP 动作元素基本上都是预定义的函数，JSP 规范定义了一系列的标准动作，常用的 JSP 动作元素如表 4-3 所示。

表 4-3　常用的 JSP 动作元素

动作元素名	描　述
<jsp:include>	在页面被请求时引入包含一个文件
<jsp:forward>	把请求转到一个新的页面
<jsp:param>	在页面包含和页面转向标记中引入参数信息
<jsp:useBean>	实例化 JavaBean
<jsp:setProperty>	设置 JavaBean 的属性
<jsp:getProperty>	获取 JavaBean 的属性

本节重点讲解<jsp:include> <jsp:forward>和<jsp:param>的用法。

1. <jsp:include>

<jsp:include>动作元素是把指定文件插入正在生成的页面中，具体语法格式如下：

```
<jsp: include page= "文件路径">
```

2. <jsp:forward>

<jsp:forward>动作元素用于将浏览器显示的网页，导向至另一个 HTML 网页或 JSP 网页。具体语法格式如下：

```
<jsp:forward page="文件路径">
```

需要注意的是，客户端提交的地址是 A 页面的地址，而实际内容却是通过<jsp:forward>导向的 B 页面的内容。

3. <jsp:param>

<jsp:param>动作元素用于传递参数信息，必须配合<jsp:include>或< jsp:forward>动作元素一起使用。具体语法格式如下：

```
<jsp:param name="参数名" value="参数值"/>
```

注意：<jsp:include>动作元素和<%@include%>指令都是用于包含文件，但它们有实质的区别。

<%@include%>指令是在 JSP 页面转换成 Java Servlet 字节码文件之前，将 JSP 代码插入其中。它是在编译阶段执行，它包含的文件如果发生变化，必须重新将 JSP 页面转译成 Java Servlet 文件，也就是说明它是先包含，再统一编译完成的，一般用于加载页面显示后就再也不变的内容，如页眉、背景、标题等。

<jsp:include>动作元素是在请求处理阶段执行的，它是在执行时才对包含的文件进行处理，也就是说明动作元素是先编译再包含，因此 JSP 页面和它所包含的文件在逻辑上和语法上是独立的，通常用来包含经常需要改动的文件，如动态时间。

任务 8：JSP 内置对象

为了简化 Web 应用程序的开发，在 JSP 2.0 规范中内置了一些默认的对象，这些对象不需要预先声明就可以在脚本元素和表达式中使用，JSP 提供了 9 个常用的内置对象，所有的 JSP 代码都可直接访问这 9 个内置对象。JSP 内置对象如表 4-4 所示。

表 4-4　JSP 内置对象

对象名称	所属类型	描　述
pageContext	javax.servlet.PageContext	JSP 页面的上下文对象
request	javax.servlet.http.HttpServletRequest	JSP 页面的请求对象
response	javax.servlet.http.HttpServletResponse	JSP 页面的响应对象
session	javax.servlet.http.HttpSession	浏览器端保存会话信息
application	javax.servlet.ServletContext	服务器上下文对象
page	javax.servlet.jsp.HttpJspPage	JSP 对应的 Servlet 类实例
out	javax.servlet.jsp.JspWriter	输出对象
config	javax.servlet.ServletConfig	服务器配置实例
exception	java.lang.Throwable	JSP 页面的异常对象

由于 JSP 的内置对象所属 Java Servlet 的 API，因此可以使用内置对象的常用方法完成视图层的功能。常用的内置对象介绍如下。

1. request 对象

request 对象是 JSP 编程中常用的对象之一，代表来自客户端的请求，它封装了用户提交的信息，如 Form 表单中填写的信息。通过调用 request 对象的相应方法，可以获取关于客户的请求信息。request 对象常用方法如表 4-5 所示。

表 4-5 request 对象常用方法

方法名称	方法说明
getParameter(String name)	根据 name 获取请求参数
getParameterValues(String name)	根据 name 获取请求参数列表
getSession()	返回与请求关联的当前会话
getAttribute(String name)	返回 name 指定的属性值
getRequestDispatcher()	返回一个 RequestDispatcher 对象，该对象提供请求转发功能，提供 request 转发到另一个资源的功能
setAttribute(String name,Object value)	设定 request 范围内名字为 name 的属性，Object 类型的值
setCharacterEncoding(String env)	设置请求端编码格式

2. response 对象

response 对象用于动态响应客户端请求，控制发送给用户的信息，并将动态生成响应。它通常可以设置响应头信息、发送状态码、设置响应正文及重定向等。response 对象常用方法如表 4-6 所示。

表 4-6 response 对象常用方法

方法名称	方法说明
getWriter()	返回向客户端发送文本的 PrintWriter 对象
setCharacterEncoding(String charset)	设置发送到客户端响应的 MIME 格式
sendRedirect(String url)	将请求重新定位到一个新的文件

3. session 对象

HTTP 是一种无状态、无连接的协议，每个客户端的请求被当成一个独立的事务，在 Web 应用程序中，服务器跨越多个请求，记住客户端的状态非常必要，session 对象是用于会话跟踪的一种方式。session 对象常用方法如表 4-7 所示。

表 4-7 session 对象常用方法

方法名称	方法说明
setAttribute(Stringname,Object value)	指定名称 name，将 value 值绑定到会话对象
getAttribute(String name)	返回指定名称 name 对应的会话值
removeAttribute(String name)	删除指定名称 name 对应的会话信息
setMaxInactiveInterval(int interval)	设置当前会话超时时间间隔
getMaxInactiveInterval()	获得当前会话的最大时间间隔
getCreationTime()	获取会话创建的时间
getLastAccessedTime()	获取会话上一次访问时间
invalidate()	会话无效，解除绑定到它的任何对象

4. application 对象

application 是上下文对象，具有读取全局配置参数、获取当前应用程序目录下的资源文件、实现多个 JSP 共享数据等功能。Web 应用中的所有应用共享同一个 application 对象。application 对象常用方法如表 4-8 所示。

表 4-8 application 对象常用的方法

方法名称	方法说明
void setAttribute(String name,Object value)	使用指定名称 name，将 value 值绑定到上下文对象
Object getAttribute(String name)	返回指定名称 name 对应上下文对象的值
remove Attribute(String name)	删除指定名称 name 对应的上下文信息

5. out 对象

out 对象表示向客户端发送数据的对象，通过 out 对象可以在浏览器中显示文本数据。out 对象常用方法如表 4-9 所示。

表 4-9 out 对象常用的方法

方法名称	方法说明
print(Object obj)	具有多种重载方式的输出语句
flush()	关闭前输出缓冲中的数据流
close()	关闭数据流

具体内置对象的用法参见项目 5 的内容。

4.4 JSP EL 表达式

JSP 文件是由 HTML 代码和嵌入其中的 Java 代码共同组成的，在 JSP 程序开发过程中，为了数据或信息的交互，通常需要书写部分 Java 程序段才能完成动态数据的处理。但是 JSP 作为视图层的主要任务是用于界面显示或响应功能，编程人员并不希望在 JSP 中做任何关于程序控制和业务逻辑的事情，所以在 JSP 页面中应该尽可能少或者是完全不出现 Java 代码是理想的编程状态。

在 JSP 2.0 规范中提供了 EL 表达式，EL 表达式是一种简单的语言，提供了在 JSP 中简化表达式的方法，目的是尽量减少 JSP 页面中的 Java 代码，使得 JSP 页面的处理程序更加简洁，并且 EL 表达式能够强制转化对象，对类型没有强制要求，便于开发和维护。

任务 9：EL 基本语法

EL（Expression Language）是一种简单的数据访问语言，用于计算和输出，其语法格式简单，以“${”符号开始、“}”符号结束，EL 有效的表达式包含在一对大括号内，有效表达式可以包含文字、操作符、变量、对象和函数调用等。EL 表达式的基本语法如下：

```
${ EL Expression }
```

EL 表达式有效的内容类型如表 4-10 所示。

表 4-10　EL 表达式有效的内容类型

内容类型	取　值
Boolean	true 和 false
Integer	任何整数，如 24、-35、456
Float	任何浮点数，如-18E45、4.567
String	任何由单引号或双引号限定的字符串，如"HelloWorld"
Null	null

EL 表达式支持复杂的数学运算、逻辑运算和关系运算等操作，EL 表达式支持的操作符如表 4-11 所示。

表 4-11　EL 表达式支持的操作符

操作类型	操作符
算术运算	+、-（二元）、*、/、div、%、mod、-（一元）
逻辑运算	and、&&、or、||、!、not
关系运算	==、eq、!=、ne、<、lt、>、gt、<=、le、>=、ge。可以与其他值进行比较，或与布尔型、字符串型、整型或浮点型文字进行比较
空	empty 空操作符是前缀操作，可用于确定值是否为空，用法：${empty name}
条件运算	A ?B :C，根据 A 赋值的结果来赋值 B 或 C

任务 10：EL 内置对象

为了方便对 JSP 页面相关信息的操作，EL 表达式提供了 11 个内置对象，包括 4 个与范围有关的内置对象、2 个与输入有关的内置对象以及其他内置对象。EL 与输入有关的内置对象如表 4-12 所示。

表 4-12　EL 与输入有关的内置对象

内置对象名称	描　述
param	等同于 request.getParameter(String name)，表示将请求参数名称映射到单个字符串参数值，用法：${param.name}
paramValues	等同于 request.getParameterValues(String name)，表示请求参数名称映射到一个数值数组，用法：${paramValues.name[i]}

使用 EL 内置对象获取程序 4-4 中 bookinfo_file.jsp 表单的值，程序 4-5 bookinfo_result.jsp 可以完成表单获取功能，代码如下。

程序 4-5：bookinfo_result.jsp

```
<%@page language="java" import="java.util.*" pageEncoding="GB18030"
    contentType="text/html;charset=GB18030"%>
<html>
  <head><title>获取图书信息</title></head>
<body>
<%@include file="banner.jsp"%>
```

```
图书编号：${param.bookid}<br>
图书名称：${param.bookname}<br>
图书类型：${param.typename} <br>
作者：${param.author} <br><br>
出版社：${param.pubname} <br>
价格：${param.price}（元）<br>
适用人群：${paramValues.crowd[0]}
          ${paramValues.crowd[1]}
          ${paramValues.crowd [2]}
          ${paramValues.crowd [3]}<br>
备注：${param.content}<br>
<%@include file="copyright.jsp"%>
</body>
```

打开 IE 浏览器，在地址栏中输入“http://localhost:8080/BMSProject/bookinfo_file.jsp”，并在表单中输入有效信息，单击“保存”按钮，图书信息获取界面如图 4-5 所示。

图 4-5　图书信息获取界面

EL 与范围有关的内置对象如表 4-13 所示。

表 4-13　EL 与范围有关的内置对象

内置对象名称	描　述
pageScope	根据页面范围域中指定的名字获取对应的值，用法： ${pageScope.name}
requestScope	根据请求范围域中指定的名字获取对应的值，用法： ${requestScope.name}
sessionScope	根据会话范围域中指定的名字获取对应的值，用法： ${sessionScope.name}
applicationScope	根据应用程序范围域中指定的名字获取对应的值，用法： ${applicationScope.name}

需要说明的是，使用 EL 表达式获取某个域中指定的名字对应的值，可以直接引用域中属性的名字，而无须使用内置对象，如${name}。需要注意的是，如果在一个项目中定义同

名域的属性，但是设定在不同的范围域，则${name}是在 page、request、session、application 这 4 个作用域中按顺序依次查找 name 属性的值。

EL 其他的内置对象如表 4-14 所示。

表 4-14　EL 其他内置对象

内置对象名称	描　述
header	等同于 request.getHeader(String name)，表示将请求头名称映射到单个字符串头值，用法：${header. name}
headerValues	等同于 request.getHeaders(String name)，表示将请求头名称映射到一个数值数组，用法：${headerValues.name}
cookie	表示将 cookie 名称映射到单个 cookie 对象。向服务器发出的客户端请求可以获得一个或多个 cookie。表达式${cookie.name.value}返回带有特定名称的第一个 cookie 值。如果请求包含多个同名的 cookie，则应该使用${headerValues. name}表达式
initParam	等同于 ServletContext.getInitparameter(String name)，表示将上下文初始化参数名称映射到单个值
pageContext	可以获取 JSP 的内置对象，相当于使用该对象调用 getXxx()方法，例如 pageContext.getRequest()可以写为${pageContext.request)

4.5　JSTL 标记库

任务 11：JSTL 概述

JSTL（Java Server pages Standarded Tag Library）即 JSP 标准标记库，JSTL 技术标准是由 JCP（Java Community Proces）组织的专家组所制定的标准规范，它主要提供给 Java Web 开发人员一个标准通用的标记库，并由 Apache 的 Jakarta 小组来维护。开发人员可以利用这些标记取代 JSP 页面上的 Java 代码，使 Java 代码与 HTML 代码分离。JSTL 标记库符合 MVC 设计理念，从而提高程序的可读性，降低程序的维护难度，通常 JSTL 与 EL 结合使用。

JSTL 根据功能的分类具体描述如下。

（1）Core 核心标记库。核心标记库是整个 JSTL 中最常用的部分，负责 Web 应用的常见工作，提供基本输入输出、流程控制、循环操作和 URL 操作等标记，本书重点讲解核心标记库。

（2）I18N 格式标记库。提供数字、日期等格式化功能，以及区域（Locale）信息、编码处理等国际化功能的标记。

（3）XML 标记库。提供 XML 的解析、流程控制、转换等功能的标记。

（4）SQL 数据库标记库。提供了访问数据库的逻辑操作，包括查询、更新、事务处理、设置数据源等标记。

（5）Functions 函数标记库。提供自定义的函数，包含 JSP 中常用的字符操作功能。

如果用户需要在 JSP 文件中使用 JSTL，需要使用两个 lib 类包，分别是 jstl.jar 和 Standard.jar 文件。MyEclipse 2014 开发环境已经集成了 JSTL 对应的类包，因此可以在 JSP 中使用 taglib 指令引入标记库的功能，即可直接使用 JSTL。

taglib 指令的语法格式如下：

```
<%@taglib uri="标记库对应的 URI 地址" prefix="标记的前缀"%>
```

根据 JSTL 标记库的 5 种分类，JSTL 标记库指令描述如下表 4-15 所示。

表 4-15　EL 与范围有关的内置对象

标记库	标记库对应的 URI 地址	标记的前缀
Core 核心标记库	http://java.sun.com/jsp/jstl/core	c
I18N 格式标记库	http://java.sun.com/jsp/jstl/fmt	fmt
XML 标记库	http://java.sun.com/jsp/jstl/xml	xml
SQL 数据库标记库	http://java.sun.com/jsp/jstl/sql	sql
Functions 函数标记库	http://java.sun.com/jsp/jstl/functions	fn

任务 12：JSTL 核心标记库

Core 核心标记库是 Web 应用中最常用的功能，根据功能可以分为表达式标记、流程控制标记 、循环标记和 URL 操作标记。

1. 表达式标记

表达式标记用来实现输出显示、设置和移除变量及错误处理等功能，它包含 4 个标记，即<c:out> <c:set> <c:remove>和<c:catch>。

（1）<c:out>。

<c:out>标记用于输出计算结果，主要有以下两种语法格式。

语法 1：

```
<c:out value="变量值" [escapeXml="true|false"]
[default="默认值"]/>
```

语法 2：

```
<c:out value="变量值" [escapeXml="true|false"]>默认值</c:out>
```

<c:out>标记常用属性的作用如表 4-16 所示。

表 4-16　<c:out>标记常用属性的作用

属性	描　　述	引用 EL
value	输出的变量或表达式	可以
escapeXml	转换特殊字符，默认值为 true，如“<”转换为“<”	不可以
default	如果 value 值等于 NULL，则显示 default 属性定义的默认值	不可以

（2）<c:set>。

<c:set>用于在指定的范围内定义和存储变量，主要有以下 4 种语法格式。

语法 1：在 scope 指定的范围内将变量值存储到变量中，语法格式为：

```
<c:set value="变量值" var="变量名"
    [scope="page|request|session|application"]/>
```

语法 2：将 scope 指定范围内的标记主体存储到变量中，此标记不使用属性 value，语法格式为：

```
<c:set var="变量名" [scope="page|request|session|application"]>
    变量值
</c:set>
```

语法 3：将变量值存储在 target 属性指定的目标对象中，语法格式为：

```
<c:set value="变量值" target="对象" property="属性"/>
```

语法 4：将变量值存储在 target 属性指定的目标对象中，语法格式为：

```
<c:set target="对象" property="属性名">变量值</c:set>
```

<c:set>标记常用属性的作用如表 4-17 所示。

表 4-17　<c:set>标记常用属性的作用

属性	描　述	引用 EL
value	存储的变量值	可以
var	存储变量值的变量名	不可以
target	存储变量值的目标对象，可以是 JavaBean 或 Map 集合对象	可以
property	指定目标对象存储数据的属性名	可以
scope	指定变量存在于 JSP 的范围，默认值是 page	不可以

（3）<c:remove>。

<c:remove>用于在指定的范围内移除变量，语法格式为：

```
<c:remove var="变量名" [scope="page|request|session|application"]/>
```

类似于 JSP 中的“<%session.removeAttribute("变量名");%>”语句。

（4）<c:catch>。

<c:catch>标签用于捕获嵌套在标记体中内容抛出的异常，语法格式为：

```
<c:catch [var="变量名"]>容易产生异常的代码</c:catch>
```

var 属性：用于标识<c:catch>标签捕获的异常对象，将异常信息保存在 page 对应的 Web 域中。

2. 流程控制标记

流程控制标记用来实现 JSP 中分支处理功能，类似于 Java 程序的 if 或 switch 等语句，它包含 4 个标记，即<c:if> <c:choose> <c:when>和<c:otherwise>。

（1）<c:if>。

<c:if>用于根据不同的条件去处理执行不同的程序代码，有以下两种语法格式。

语法 1：判断条件表达式，将 test 属性的判断结果保存在 var 属性指定范围的变量中，语法格式为：

```
<c:if test="条件" var="变量名" [scope=page|request|session|application]/>
```

语法 2：将 test 属性的判断结果保存在 var 属性指定范围的变量中，并根据条件的判断结果去执行标记主体，语法格式为：

```
<c:if test="条件" var="变量名" [scope=page|request|session|application]>
    标记主体
</c:if>
```

<c:if>标记常用属性的作用如表 4-18 所示。

表 4-18　<c:if>标记常用属性的作用

属性	描　述	引用 EL
test	条件表达式，<c:if>标记必须定义的属性	可以
var	指定变量名，指定 test 属性的判断结果存放在变量中，如果该变量不存在就创建它	不可以
scope	存储范围，指定 var 属性所包含的变量存在范围，默认值是 page	不可以

（2）<c:choose> <c:when>和<c:otherwise>。

<c:choose>标记是根据不同的条件去完成指定的业务逻辑，<c:choose>标记只能作为<c:when>和<c:otherwise>标记的父标记，可以在它之内嵌套这两个标记完成条件选择逻辑，语法格式为：

```
<c:choose>
  <c:when test="条件 1">业务逻辑 1</c:when>
  <c:when test="条件 2">业务逻辑 2</c:when>
    ……
  <c:when test="条件 n">业务逻辑 n</c:when>
  <c:otherwise>
     业务逻辑
  </c:otherwise>
</c:choose>
```

3. 循环标记

循环标记用来实现类似 Java 程序 for 语句的功能，它包含两个标记，即<c:forEach>和<c:forTokens>。

（1）<c:forEach>。

<c:forEach>用于枚举集合中的所有元素，语法格式为：

```
<c:forEach [var="变量名"] items="遍历的对象" [varStatus="状态变量"]
    [begin="开始位置"] [end="结束位置"] [step="步长"]>
    标记主体
</c:forEach>
```

<c:forEach>标记常用属性的作用如表 4-19 所示。

表 4-19　<c:forEach>标记常用属性的作用

属性	描　述	引用 EL
items	循环遍历的对象，多用于数组与集合类	可以
var	循环体的变量，存储变量或 items 指定的对象成员	不可以
begin	循环的开始位置	可以
end	循环的结束位置	可以
var	指定变量名，指定 test 属性的判断结果存放在变量中，如果该变量不存在就创建它	可以
varStatus	循环的状态变量	不可以

需要说明的是，varStatus 循环的状态变量值有 4 种类型，作用如表 4-20 所示。

表 4-20　varStatus 属性值的作用

名称	描　述
index	当前循环的索引值，int 类型
count	循环的次数，int 类型
first	是否为第一个位置，boolean 类型
last	是否为最后一个位置，boolean 类型

（2）<c:forTokens>。

<c:forTokens>标记用于浏览字符串，并根据指定的分隔符将字符串截取，语法格式为：

```
<c:forTokens [var="变量名"] items="遍历的对象"
        delims="分隔符" [varStatus="状态变量"]
         [begin="开始位置"] [end="结束位置"]
        [step="步长"]>
       标记主体
</c:forTokens>
```

其中，delims 用于指定使用的分隔符。

4. URL 操作标记

JSTL 包含 3 个与 URL 操作有关的标记，分别是<c:import> <c:redirect>和<c:url>，以及一个辅助的参数标记<c:param>。

（1）<c:param>。

<c:param>用于为 3 个 URL 操作标记设置参数，有以下两种语法格式。

语法 1：

```
<c:param name="参数名" value= "参数值"/>
```

语法 2：

```
<c:param name="参数名">参数值</c:param>
```

（2）<c:import>。

<c:import>可以导入站内或其他网站的静态和动态文件到 JSP 页面中，语法格式为：

```
<c:import url="导入 URL 路径" [context="上下文路径"] [var="变量名"]
   [scope="{page|request|session|application}"] [charEncoding="编码格式"]>
      可选的<c:param>
</c:import>
```

<c:import>标记常用属性的作用如表 4-21 所示。

表 4-21 <c:import>标记常用属性的作用

属性	描　述	引用 EL
url	被导入的文件资源的 URL 路径	可以
context	上下文路径，用于访问同一个服务器的其他 Web 工程，其值必须以“/”开头，如果指定了该属性，那么 url 属性值也必须以“/”开头	可以
var	变量名称，将获取的资源存储在变量中	不可以
scope	变量的存在范围	不可以
charEncoding	被导入文件的编码格式	可以

（3）<c:url>。

<c:url>用于生成一个 URL 路径的字符串，语法格式为：

```
<c:url value="生成 URL 路径" [var="变量名"] [context="上下文路径"]
        [scope="page|request|session|application"]>
      可选的<c:param>
</c:url>
```

<c:url>标记常用属性的作用如表 4-22 所示。

表 4-22 <c:url>标记常用属性的作用

属性	描 述	引用 EL
url	生成的 URL 路径信息	可以
context	上下文路径，用于访问同一个服务器的其他 Web 工程，其值必须以“/”开头	可以
var	变量名称，将获取的资源存储在变量中	不可以
scope	变量的存在范围	不可以

（4）<c:redirect>。

<c:redirect>用于将客户端发出的 request 请求重定向到其他 URL 服务端，由其他程序处理客户的请求，语法格式为：

```
<c:redirect url="重定位的 URL" [context="上下文路径"]>
    可选的<c:param>
</c:redirect>
```

4.6 项 目 功 能

JSP 用于视图层的设计，因此在图书馆管理系统中，主要完成界面的功能。以下的任务描述界面中客户端和服务器交互的代码，CSS 和 JavaScript 等技术不在文件中呈现。项目中使用的界面文件说明如表 4-23 所示。

表 4-23 界面文件说明

功能	文件名	说 明
登录	login.jsp	登录界面
主界面功能	login.jsp	登录界面
	main.jsp	主界面
	banner.jsp	信息栏界面
	copyright.jsp	版权信息界面
	reader_navigation.jsp	读者导航条界面
	navigation.jsp	管理员导航条界面
	JS/menu.js	导航条菜单选项文件
图书类型功能	booktype_queryall.jsp	查询全部图书类型界面
	booktype_add.jsp	添加图书类型界面
	booktype_update.jsp	修改图书类型界面
图书信息功能	bookinfo_queryall.jsp	查询全部图书信息界面
	bookinfo_add.jsp	添加图书信息界面
	bookinfo_update.jsp	修改图书信息界面
读者类型功能	readertype_queryall.jsp	查询全部读者类型界面
	readertype_add.jsp	添加读者类型界面
读者信息功能	readerinfo_queryall.jsp	查询全部读者信息界面
	readerinfo_add.jsp	添加读者信息界面
图书借阅功能	book_borrow.jsp	图书借阅界面
	book_renew.jsp	图书续借界面
	book_back.jsp	图书归还界面

任务 13：用户登录界面

用户登录界面主要通过输入有效的账号和密码，可以登录到图书馆管理系统的主界面，根据登录权限值的不同，对应管理员和读者的功能。

程序4-6：login.jsp

```
<%@page language="java" import="java.util.*" pageEncoding="GB18030"
    contentType="text/html;charset=GB18030"%>
<html>
<head><title>登录界面</title></head>
<body>
  <form method="post" action="">
    账号：<input name="userid" type="text"/>
    密码：<input name="upwd" type="password"/>
    <input type="submit" value="确定"/>
    <input type="reset" value="重置"/>
  </form>
</body>
</html>
```

运行登录界面，结果如图 4-6 所示。

图 4-6　登录界面

任务 14：主界面

用户登录成功后，进入主界面 main.jsp，对应管理员和读者的功能，其中管理员使用 navigation.jsp 导航条，读者使用 reader_navigation.jsp 导航条，并且在主界面顶部使用信息栏界面 banner.jsp，底部使用版权信息界面 copyright.jsp，以此组合而成对应项目的主界面功能。

程序4-7：banner.jsp

```
<%@page language="java" import="java.util.*" pageEncoding="GB18030"
    contentType="text/html;charset=GB18030"%>
<html>
<head><title>信息栏界面</title></head>
<body>
```

```
<a href="" onClick="javascript:window.location.reload();">刷新页面</a>
<a href="#" onClick="javascript:window.close()">关闭系统</a>
    当前登录用户：管理员
</body>
</html>
```

程序4-8：copyright.jsp

```
<%@page language="java" import="java.util.*" pageEncoding="GB18030"
    contentType="text/html;charset=GB18030"%>
<html>
<head><title>版权信息界面</title></head>
<body>
  CopyRight &copy; 2020 http://www.situ.edu.cn
  <a href="http://www.situ.edu.cn">沈阳工学院<a/>
</body>
</html>
```

程序4-9：reader_navigation.jsp

```
<%@page language="java" import="java.util.*" pageEncoding="GB18030"
    contentType="text/html;charset=GB18030"%>
<html>
<head><title>读者导航条界面</title></head>
<body>
  <script src="JS/menu.JS"></script>
  <a href="main.jsp">首页</a>| <a href="#">我的借阅</a>|
  <a href="#">修改密码</a>| <a href="#">图书查询</a>|
  <a href="#">续借图书</a>|
  <a href="#" onClick="quit()">退出系统</a>
</body>
</html>
```

程序4-10：navigation.jsp

```
<%@page language="java" import="java.util.*" pageEncoding="GB18030"
    contentType="text/html;charset=GB18030"%>
<html>
<head><title>管理员导航条界面</title></head>
<body>
  <script src="JS/menu.JS"></script>
  <a href="main.jsp">首页</a>|
  <a onmouseover=showmenu(event,readermenu)
      onmouseout=delayhidemenu()>读者管理</a> |
  <a onmouseover=showmenu(event,bookmenu)
      onmouseout=delayhidemenu()>图书管理</a> |
```

```
    <a onmouseover=showmenu(event,borrowmenu)
        onmouseout=delayhidemenu()">图书借还</a> |
    <a href="#" onClick="quit()">退出系统</a>
</body>
</html>
```

程序4-11：menu.js

```
var readermenu='<a href=#>读者类型管理</a> |
    <a href=#>读者信息管理</a>'
var bookmenu='<a href=#>图书类型管理</a> |
  <a href=#>图书信息管理</a>'
var borrowmenu='<a href=#>图书借阅</a> |
  <a href=#>图书续借</a> | <a href=#>图书归还</a>'
```

程序4-12：main.jsp

```
<%@page language="java" import="java.util.*" pageEncoding="GB18030"
    contentType="text/html;charset=GB18030"%>
<html>
<head><title>主界面</title></head>
<body >
  <%@include file="banner.jsp" %>
  <%--判断语句，如果是读者，导航条为 reader_navigation.jsp --%>
  <%@include file="reader_navigation.jsp" %>
  <%--判断语句，如果是管理员，导航条为 navigation.jsp-- %>
      欢迎登录系统
  <%@include file="navigation.jsp" %>
</body>
<html>
```

运行主界面，结果如图 4-7 所示。

图 4-7　主界面

任务 15：图书类型界面

图书类型功能完成图书类型的全部信息查询、添加、删除和修改功能。

程序4-13：booktype_queryall.jsp

```
<%@page language="java" import="java.util.*" pageEncoding="GB18030"
```

```
    contentType="text/html;charset=GB18030"%>
<html>
<head><title>查询全部图书类型</title></head>
<body>
  <%@include file="banner.jsp" %>
  <%@include file="navigation.jsp" %>
  <a href="booktype_add.jsp" >添加图书类型信息</a> <br>
  <table>
    <tr align="center">
      <td>图书类型编号</td>
      <td>图书类型名称</td>
      <td>修改</td>
      <td>删除</td>
    </tr>
    <tr>
      <td>1</td>
      <td>计算机类</td>
      <td><a href="#">修改</a></td>
      <td><a href="#">删除</a></td>
    </tr>
  </table>
  <%@ include file="copyright.jsp"%></td>
</body>
</html>
```

运行查询全部图书类型程序，结果如图 4-8 所示。

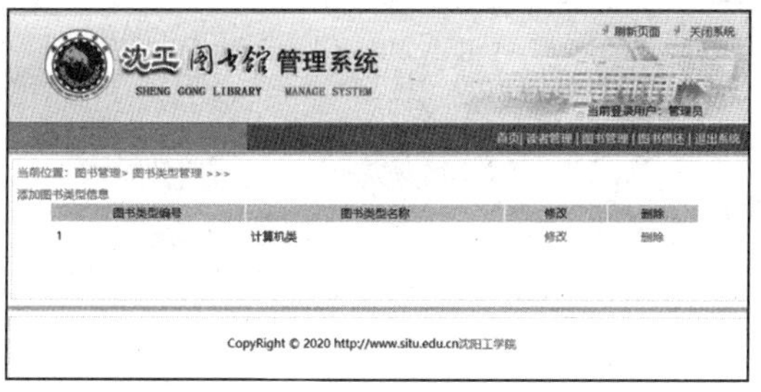

图 4-8　查询全部图书类型程序运行结果

程序4-14：booktype_add.jsp

```
<%@page language="java" import="java.util.*" pageEncoding="GB18030"
    contentType="text/html;charset=GB18030"%>
<html>
<head><title>图书类型添加界面</title></head>
<body>
  <form method="post" action=" ">
```

```
        图书类型编号：<input name="booktypeid" type="text"><br>
        图书类型名称：<input name="booktypename" type="text"><br>
        <input type="submit" value="保存">
        <input type="button" value="关闭" onClick="window.close();">
    </form>
</body>
</html>
```

运行图书类型添加程序，结果如图 4-9 所示。

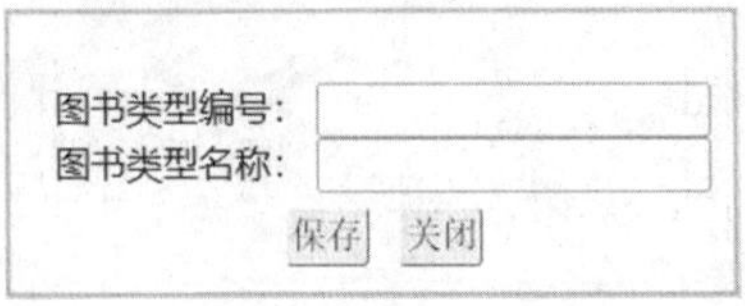

图书类型编号：
图书类型名称：
保存 关闭

图 4-9　图书类型添加程序运行结果

程序4-15：booktype_update.jsp

```
<%@page language="java" import="java.util.*" pageEncoding="GB18030"
    contentType="text/html;charset=GB18030"%>
<html>
<head><title>图书类型修改界面</title></head>
<body>
  <form method="post" action=" ">
    <input name="booktypeid" type="hidden" value="">
    图书类型名称：
    <input name="booktypename" type="text" value=""><br>
    <input type="submit" value="保存">
    <input type="reset" value="重置">
    <input type="button" onClick="window.close()" value="关闭">
  </form>
  </body>
</html>
```

运行图书类型修改界面的结果如图 4-10 所示。

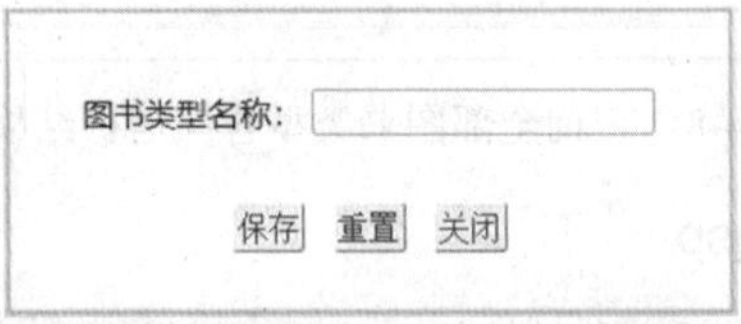

图书类型名称：
保存 重置 关闭

图 4-10　图书类型修改程序运行结果

任务 16：图书信息界面

图书信息功能完成图书信息的全部信息查询、添加、修改和删除功能。

程序4-16：bookinfo_queryall.jsp

```
<%@page language="java" import="java.util.*" pageEncoding="GB18030"
    contentType="text/html;charset=GB18030"%>
<html>
<head>
  <title>查询全部图书信息</title>
</head>
<body>
  <%@include file="banner.jsp" %>
  <%@include file="navigation.jsp" %>
  <a href="bookinfo_add.jsp" >添加图书信息</a> <br>
  <table>
  <tr>
    <td>图书编号</td>
    <td>图书名称</td>
    <td>图书类型</td>
    <td>作者</td>
    <td>出版社</td>
    <td>ISBN</td>
    <td>价格</td>
    <td>书架</td>
    <td>现存量</td>
    <td>总库存</td>
    <td>修改</td>
    <td>删除</td>
  </tr>
  <tr>
    <td>1</td>
    <td>JavaWeb 程序设计</td>
    <td>计算机类</td>
    <td>靳新</td>
    <td>北京理工大学出版社</td>
    <td>111-222-333</td>
    <td>45</td>
    <td>A</td>
    <td>5</td>
    <td>5</td>
    <td><a href="#">修改</a></td>
    <td><a href="#" >删除</a></td>
</tr>
```

```
<%@ include file="copyright.jsp"%></td>
</body>
</html>
```

运行查询全部图书信息程序的结果如图 4-11 所示。

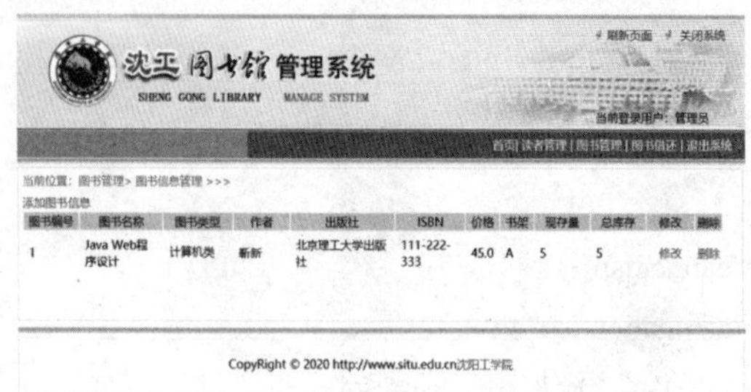

图 4-11　查询全部图书信息程序运行结果

程序4-17：bookinfo_add.jsp

```
<%@page language="java" import="java.util.*" pageEncoding="GB18030"
    contentType="text/html;charset=GB18030"%>
<html>
<head><title>图书信息添加界面</title></head>
<body>
  <form method="post" action="">
  图书编号：<input name="bookid" type="text"><br>
  图书名称：<input name="bookname" type="text"><br>
  图书类型：
  <select name="booktypename">
    <option value="计算机类">计算机类</option>
  </select><br>
  作者：<input name="author" type="text"><br>
  出版社：
  <select name="pubname">
  <option value="清华大学出版社">清华大学出版社</option>
  <option value="人民邮电出版社">人民邮电出版社</option>
  <option value="北京理工大学出版社">北京理工大学出版社</option>
  </select><br>
  ISBN：<input name="isbn" type="text"><br>
  价格：<input name="price" type="text">(元)<br>
  现存量：<input name="nownumber" type="text">(本) <br>
  库存量：<input name="total" type="text">(本) <br>
  书架：<select name="casename">
          <option value="A">A</option>
          <option value="B">B</option>
          <option value="C">C</option>
```

```
            </select><br>
        <input type="submit" value="保存">
        <input type="button" value="返回" onClick="history.back()"><br>
        </form>
    </body>
    </html>
```

运行图书信息添加程序，结果如图 4-12 所示。

当前位置：图书管理 > 添加图书信息 >>>

图书编号：

图书名称：

图书类型：计算机类

作者：

出版社：清华大学出版社

ISBN：

价格：(元)

现存量：(本)

库存量：(本)

书架：A

保存 返回

图 4-12 图书信息添加程序运行结果

程序4-18：bookinfo_update.jsp

```
<%@page language="java" import="java.util.*" pageEncoding="GB18030"
    contentType="text/html;charset=GB18030"%>
<html>
<head><title>图书信息修改界面</title></head>
<body>
<form method="post" action=" ">
  <input name="bookid" type="hidden" value="">
  图书名称：<input name="bookname" value="" readonly><br>
  图书类型： <select name="booktypename">
                <option value="计算机类">计算机类</option>
            </select><br>
  作者：<input name="author" type="text" value=""><br>
  出版社：<select name="pubname">
  <option value="清华大学出版社">清华大学出版社</option>
  <option value="人民邮电出版社">人民邮电出版社</option>
  <option value="北京理工大学出版社">北京理工大学出版社</option>
  </select><br>
  ISBN：<input name="isbn" type="text" value=""><br>
  价格： <input name="price" type="text"value="">(元)<br>
```

```
        现存量：<input name="nownumber" type="text" value="">(本)</br>
        库存量：<input name="total" type="text" value="">(本)</br>
        书架：<select name="casename">
                <option value="A">A</option>
                <option value="B">B</option>
                <option value="C">C</option>
            </select><br>
        <input type="submit" value="保存">
        <input type="button" value="返回" onClick="history.back()"><br>
    </form>
    </body>
    </html>
```

运行图书信息修改程序，结果如图 4-13 所示。

图 4-13　图书信息修改程序运行结果

任务 17：读者类型界面

读者类型功能完成读者类型的全部信息查询、添加和删除功能。

程序4-19：readertype_queryall.jsp

```
<%@page language="java" import="java.util.*" pageEncoding="GB18030"
    contentType="text/html;charset=GB18030"%>
<html>
<head><title>查询全部读者类型</title></head>
<body>
  <%@include file="banner.jsp"%>
  <%@include file="navigation.jsp"%>
  <a href="readertype_add.jsp">添加读者类型信息</a><br>
```

```
    </table>
    <tr>
      <td>读者类型编号</td>
      <td>读者类型名称</td>
      <td>可借数量</td>
      <td >删除</td>
    </tr>
    <tr>
      <td>1</td>
      <td>教师</td>
      <td>5</td>
      <td><a href="#">删除</a></td>
    </tr>
    </table>
    <%@ include file="copyright.jsp"%></td>
  </body>
  </html>
```

查询全部读者类型程序运行，结果如图 4-14 所示。

图 4-14　查询全部读者类型程序运行结果

程序4-20：readertype_add.jsp

```
  <%@page language="java" import="java.util.*" pageEncoding="GB18030"
      contentType="text/html;charset=GB18030"%>
  <html>
  <head><title>读者类型添加界面</title></head>
  <body>
    <form method="post" action="">
    读者类型编号：<input name="readertypeid" type="text"/><br>
    读者类型名称：<input name="readertypename" type="text"/><br>
    可借数量：  <input name="number" type="text"/><br>
    <input type="submit" value="保存">
    <input type="button" value="关闭" onClick="window.close();"><br>
    </form>
  </body>
```

```
</html>
```

运行读者类型添加程序，结果如图 4-15 所示。

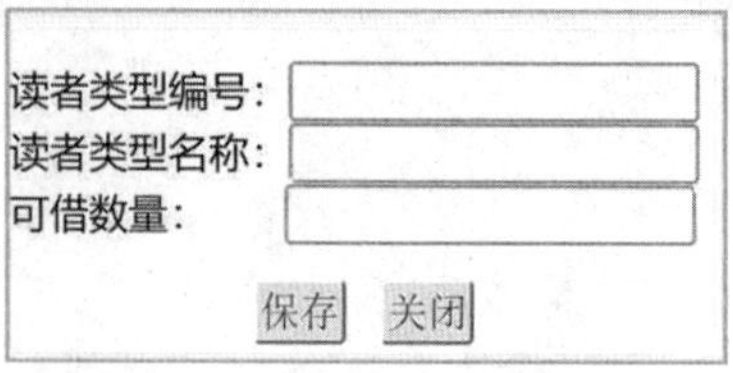

读者类型编号：
读者类型名称：
可借数量：
保存 关闭

图 4-15　读者类型添加界面

任务 18：读者信息界面

读者信息功能完成读者信息的全部信息查询、添加和删除功能。

程序4-21：readerinfo_queryall.jsp

```
<%@page language="java" import="java.util.*" pageEncoding="GB18030"
    contentType="text/html;charset=GB18030"%>
<html>
<head><title>查询全部读者信息</title></head>
<body>
  <%@include file="banner.jsp" %>
  <%@include file="navigation.jsp" %>
  <a href="readerinfo_add.jsp">添加读者信息</a> <br>
  <table>
  <tr>
    <td>读者编号</td>
    <td>读者类型</td>
    <td>读者姓名</td>
    <td>身份证</td>
    <td>可借数量</td>
    <td>已借数量</td>
    <td>删除</td>
  </tr>
  <tr>
  <td>15020</td>
  <td>教师</td>
  <td>靳新</td>
  <td>123456789011111111</td>
  <td>5</td>
  <td>0</td>
  <td><a href="">删除</a></td>
  <tr>>
```

```
  </table>
<%@ include file="copyright.jsp"%></td>
</body>
</html>
```

运行查询全部读者信息程序，结果如图4-16所示。

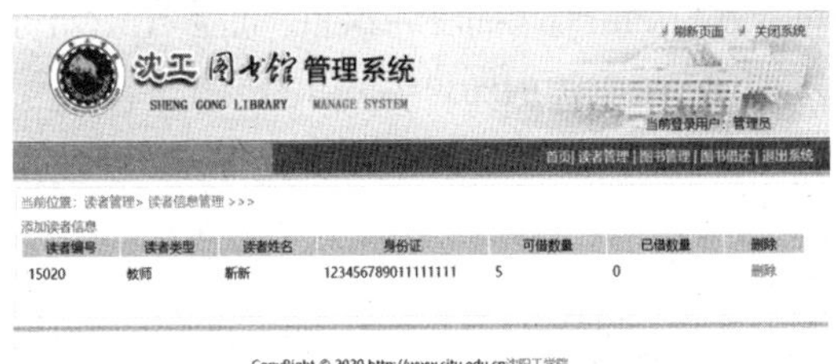

图 4-16　查询全部读者信息界面

程序4-22：readerinfo_add.jsp

```
<%@page language="java" import="java.util.*" pageEncoding="GB18030"
    contentType="text/html;charset=GB18030"%>
<html>
<head><title>读者信息添加界面</title></head>
<body>
 <form method="post" action="">
  读者编号：<input name="readerid" type="text"><br>
  读者类型：<select name="readertypename">
            <option value="教师">教师</option>
            <option value="学生">学生</option>
         </select><br>
  姓名：<input name="readername" type="text"><br>
  身份证：<input name="idcard" type="text"><br>
  <input type="submit" value="保存">
  <input type="button" value="返回" onClick="history.back()"></td>
 </form>
</body>
</html>
```

运行读者信息添加程序，结果如图 4-17 所示。

当前位置：读者管理 > 读者信息管理 > 添加读者信息 >>>

读者编号：

读者类型：教师

姓名：

身份证：

保存　返回

图 4-17　读者信息添加界面

任务 19：图书借还界面

图书借还包括图书借阅、图书续借和图书归还的界面。

程序 4-23：book_borrow.jsp

```
<%@page language="java" import="java.util.*" pageEncoding="GB18030"
     contentType="text/html;charset=GB18030"%>
<html>
<head>
<title>图书借阅界面</title>
<script language="javascript">
  function checkreader(form){ form.submit(); }
  function checkbook(form){form.submit(); }
</script>
</head>
<body>
  <%@include file="banner.jsp"%>
  <%@include file="navigation.jsp"%>
  <form name="form1" method="post" action="">
  <table>
    <tr>
      <td>读者编号：<input name="readerid" value="15020">
      <input type="button" value="确定" onClick="checkreader(form1)">
      </td>
    </tr>
  </table>
  <table >
    <tr>
      <td>姓名：<input name="readername" value="靳新"></td>
      <td>读者类型：<input name="readertypename" value="教师"></td>
      <td>可借数量：<input name="number" value="5">册</td>
    </tr>
    <tr>
      <td>证件编号：
        <input name="idcard" value="123456789011111111">
      </td>
      <td>已借数量：<input name="borrownumber" value="1">册</td>
    </tr>
  </table>
  <table >
```

```
<tr>
  <td>添加的依据：<input type="radio" checked>
    图书编号<input name="bookid" type="text">
    <input name="borrownumber" type="hidden" value="">
    <input type="button" value="借阅" onClick="checkbook(form1)">
  </td>
</tr>
<tr>
  <td>图书名称</td>
  <td>借阅时间</td>
  <td>应还时间</td>
  <td>现存量</td>
  <td>库存量</td>
</tr>
<tr>
  <td>1</td>
  <td>2020-11-15</td>
  <td>20201-01-14</td>
  <td>4</td>
  <td>5</td>
</tr>
</table>
</form>
<%@include file="copyright.jsp" %>
</body>
</html>
```

运行图书借阅程序，结果如图 4-18 所示。

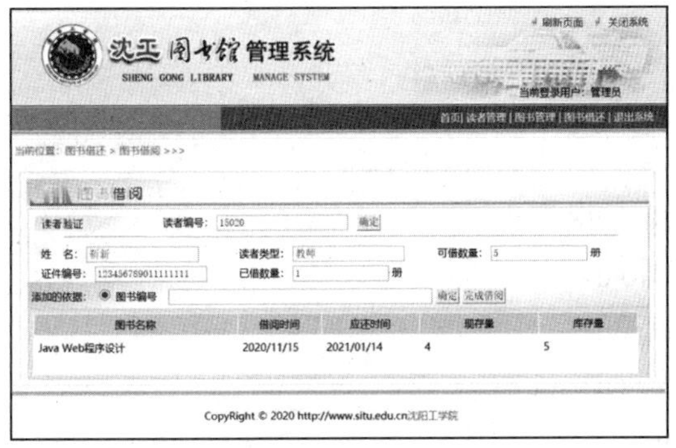

图 4-18　图书借阅界面

程序 4-24：book_renew.jsp

```
<%@page language="java" import="java.util.*" pageEncoding="GB18030"
  contentType="text/html;charset=GB18030"%>
```

```
<html>
<head><title>图书续借界面</title>
<script language="javascript">
  function checkreader(form){ form.submit(); }
</script>
</head>
<body>
  <%@include file="banner.jsp"%>
  <%@include file="navigation.jsp"%>
 <form name="form1" method="post" action="">
 <table>
  <tr>
    <td>读者编号：<input name="readerid" value="15020">
      <input type="button"value="确定" onClick="checkreader(form1)">
      </td>
    </tr>
 </table>
 <table>
  <tr>
    <td>姓名：<input name="reaername" value="靳新"></td>
    <td>读者类型：<input name="readertype" value="教师"></td>
  </tr>
  <tr>
    <td>证件号码：
      <input name="idcard" value="123456789011111111">
   </td>
    <td>可借数量：<input name="number" value="5">册</td>
  </tr>
 </table>
 <table>
  <tr>
      <td>图书名称</td>
      <td>借阅时间</td>
      <td>应还时间</td>
      <td>超期天数</td>
      <td>续借</td>
  </tr>
  <input name="id" type="hidden" value="">
  <tr>
    <td>会计学</td>
```

```
    <td>2020/12/05</td>
    <td>2021/02/03</td>
    <td>4 天后超期</td>
    <td><a href="#">续借</a></td>
  </tr>
 </table>
 </form>
<%@include file="copyright.jsp" %>
</body>
</html>
```

运行图书续借程序，结果如图 4-19 所示。

图 4-19　图书续借界面

程序 4-25：book_back.jsp

```
<%@page language="java" import="java.util.*" pageEncoding="GB18030"
    contentType="text/html;charset=GB18030"%>
<html>
<head><title>图书归还界面</title>
  <script language="javascript">
    function checkreader(form){  form.submit();   }
    </script></head>
<body>
    <%@include file="banner.jsp"%>
    <%@include file="navigation.jsp"%>
  <form name="form1" method="post" action="">
  <table>
    <tr>
      <td>读者编号：<input name="readerid" value="15020" >
      <input type="button" value="确定" onClick="checkreader(form1)">
      </td>
    </tr>
  </table>
  <table>
```

```
    <tr>
      <td>姓名：<input name="readername" value="靳新"></td>
      <td>读者类型：<input name="readertype" value="教师"></td>
      <td>可借数量：<input name="number" value="5"></td>
    </tr>
  </table>
  <table>
    <tr>
      <td>证件号码：
        <input name="idcard" value="123456789011111111"></td>
      <td>已借数量：<input name="borrownumber" value="1">册</td>
      <td>超期天数：<font color="red">红色</font>为已超期
                  <font color="blue">蓝色</font>为可续借</td>
    </tr>
  </table>
    <table>
    <tr>
      <td>图书名称</td>
      <td>借阅时间</td>
      <td>应还时间</td>
      <td>超期天数</td>
      <td>罚金</td>
      <td>现存量</td>
      <td>库存量</td>
      <td>归还</td>
    </tr>
    <input name="id" type="hidden" value=""/>
    <tr>
      <td>JavaWeb 程序设计</td>
      <td>2020/11/15</td>
      <td>2021/01/14</td>
      <td><font color="red">已超期 16 天</font></td>
      <td><font color="red">1.6</font></td>
      <td>4</td>
      <td>5</td>
      <td><a href="#">归还</a></td>
    </tr>
  </table>
  </form>
<%@include file="copyright.jsp" %>
```

```
    </body>
    </html>
```

运行图书归还程序，结果如图 4-20 所示。

图 4-20　图书归还界面

4.7　项 目 小 结

本项目重点讲解了 JSP 的基本知识，JSP 作为 JavaEE 三大组件之一，在 JavaEE 编程开发中具有重要地位。本章首先讲解了 JSP 的基本概念，它运行在服务器端，支持表现层的实现，JSP 最终会转换成 Servlet，因此深入掌握 Servlet 基本知识，有助于对 JSP 更好地理解。在 JSP 的基本语法中，主要讲解了 JSP 两种注释方式、JSP 中使用 Java 程序段的脚本元素的应用、JSP 输出信息的表达式、JSP 的 3 个指令的用法、JSP 的 3 个动作元素的使用方式和 JSP 的 9 个内置对象的特性。然后深入讲解了 JSP 的两种高级技术，即 EL 表达式和 JSTL 标准标记库的知识。其中 EL 表达式主要讲解了 EL 的基本语法、内容类型、操作符的运算和内置对象的应用， JSTL 标准标记库主要讲解了 JSTL 的特性、分类和核心标记库的语法知识。最后通过项目中 JSP 的学习，为后续 MVC 设计模式中视图层功能的学习奠定良好的基础。

项目5

模型层技术——JavaBean

项目描述

在软件开发时，一些数据和功能可以在很多地方反复使用，为了便于将它们进行“移植”，SUN 公司提出了 JavaBean 技术，JavaBean 是一种用 Java 语言编写的可重用和可移植的组件，JavaBean 通过对数据和功能的封装，实现了“一次编写，到处运行”的功能。本项目将针对 JavaBean 技术的相关知识进行详细的讲解。

5.1 学习任务与技能目标

1. 学习任务

（1）JavaBean 基本特性。
（2）JavaBean 编写规范。
（3）JavaBean 和 JSP 的结合。

2. 技能目标

（1）了解 JavaBean 的基本作用。
（2）掌握 JavaBean 的编写规范。
（3）掌握 JSP 中 3 个动作组件与 JavaBean 结合的方式。

5.2 JavaBean 基本特性

任务 1：JavaBean 概述

JavaBean 是 Java 开发语言中一个可移植、可重用的软件组件，它本质上就是一个 Java

类，可以被 Servlet、JSP 等 Java 应用程序调用。JavaBean 简单地讲就是实体类，在 MVC 设计模式中，属于 Model 模型层，通常用来封装数据，设置数据的属性和一些行为。对软件开发人员来说，JavaBean 带来的最大优点是充分提高了代码的可重用性，并且对软件的可维护性起到了积极作用。

JavaBean 通过封装业务逻辑、数据分页逻辑、数据库操作和事物逻辑等，可实现业务逻辑和前台程序的分离，提高了代码的可读性和易维护性，使系统更健壮和灵活。随着 JSP 的发展，JavaBean 在服务器端应用方面表现出越来越旺盛的生命力。

任务 2：JavaBean 编写规范

为了规范 JavaBean 的开发，SUN 公司发布了 JavaBean 的规范，它要求标准的 JavaBean 组件需要遵循一定的编码规范，具体如下。

（1）JavaBean 必须是一个公共类，并将其访问属性设置为 public（公开）类型。

（2）JavaBean 类有一个空的构造函数。

（3）JavaBean 类中的属性 xxx 必须设置为 private（私有）类型。

（4）私有类型的属性 xxx 必须通过设置 public 类型的 getXxx()和 setXxx()方法与其他程序通信，并且方法的命名也必须遵守一定的命名规范，getXxx()方法用于获取属性 xxx，setXxx()方法用于修改属性 xxx。

JavaBean 主要用来传递数据，即把一组数据组合成一个实体便于传输。JavaBean 可以方便地被 MyEclipse 集成开发环境分析，生成读写属性的代码，可以快速生成 Getter 和 Setter 方法。

在图书馆管理系统中，以读者信息添加功能为例，为了能够实现业务逻辑和前台程序的分离，可使用 JavaBean 封装数据。如果不考虑数据库功能，封装数据以表单信息为标准。打开 MyEclipse 2014 开发环境，选中项目 BMSProject 并右键单击，选择快捷菜单中的【New】→【Class】选项，弹出【Java Class】对话框，如图 5-1 所示。在【Package】文本框中输入包名 model，在【Name】文本框中输入类名 ReaderInfo，单击【Finish】按钮完成 JavaBean 类的创建。

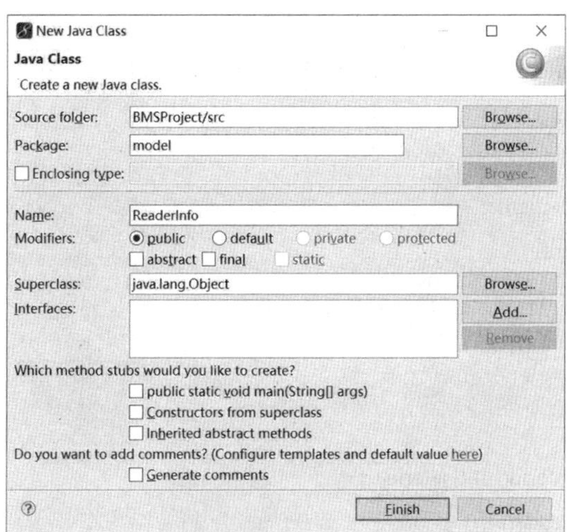

图 5-1 【Java Class】对话框

在 ReaderInfo 类中输入代码：

```
package model;
public class ReaderInfo {
    private int readerid;
    private String readertypename;
    private String readername;
    private String idcard;
}
```

右击选中的，在弹出的快捷菜单中选择【Source】→【Generate Getters and Setters】，在弹出的对话框中选中所有属性，单击【OK】按钮，即可完成 JavaBean 的代码，具体代码见程序 5-1 ReaderInfo.java。【Generate Getters and Setters】对话框如图 5-2 所示。

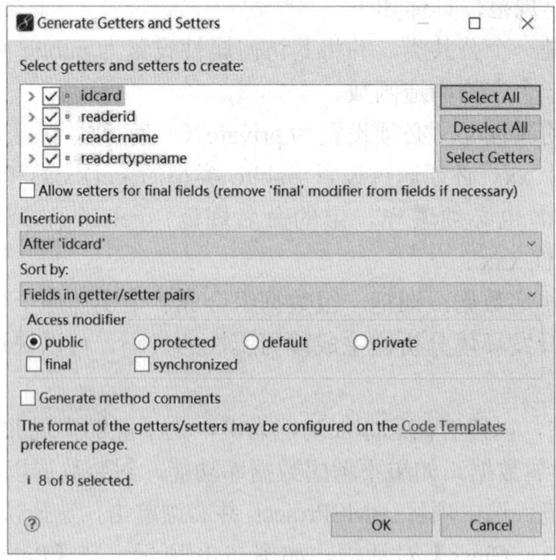

图 5-2　【Generate Getters and Setters】对话框

程序 5-1：ReaderInfo.java

```
package model;
public class ReaderInfo {
    private int readerid;
    private String readertypename;
    private String readername;
    private String idcard;
    public ReaderInfo(){};
    public int getReaderid() {
        return readerid;
    }
    public void setReaderid(int readerid) {
        this.readerid = readerid;
    }
```

```
    public String getReadertypename() {
        return readertypename;
    }
    public void setReadertypename(String readertypename) {
        this.readertypename = readertypename;
    }
    public String getReadername() {
        return readername;
    }
    public void setReadername(String readername) {
        this.readername = readername;
    }
    public String getIdcard() {
        return idcard;
    }
    public void setIdcard(String idcard) {
        this.idcard = idcard;
    }
}
```

5.3 JavaBean 和 JSP 的结合

在 JSP 页面中可以使用相关的标记与 JavaBean 结合使用，其中与 JavaBean 相关的标记有 3 个，分别是<jsp:useBean> <jsp:setProperty>和<jsp:getProperty>。

任务 3：<jsp:useBean>

<jsp:useBean>指的是创建一个 JavaBean 的实例，并指定它的名字和作用范围，等同于实例化对象，语法格式为：

```
<jsp:useBean id="bean 的对象名" class="创建 bean 的路径及类名"
            [scope="bean 的有效范围"]/>
```

说明如下。

① id 属性：用来唯一标识 JavaBean，即 JavaBean 的对象名，JSP 页面通过 id 来识别 JavaBean。

② class 属性：用来表示 JavaBean 类，class 的属性值使用包名.类名的方式设置。

③ scope 属性：表示 JavaBean 的作用域，对应的属性值可以是 application、session、request 或者 page。

每个 JavaBean 都有一个生命周期，JavaBean 在其定义的范围内使用，在其定义范围外无法使用，关于 scope 属性值的说明如下。

（1）page：JavaBean 默认使用范围，表示 page 作用域下的 JavaBean 对象只能在当前的

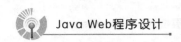

JSP 程序中使用，客户端请求执行完后，JavaBean 对象会立即释放。

（2）request：作用于任何相同请求的 JSP 文件中，直到页面执行完毕，向客户端发回响应或在此之前已通过重定向或链接等方式转到另一个文件为止。

（3）session：作用于整个 session 的生命周期内，创建 session 的 JavaBean 对象后，该 JavaBean 将一直保存在浏览器的内存空间中，可以为用户处理请求，直到浏览器关闭该 JavaBean 对象才被释放。

（4）application：作用于整个 application 的生命周期内，创建 application 的 JavaBean 对象后，该 JavaBean 将一直保存在服务器的内存空间中，可以为用户处理请求，直到服务器关闭该 JavaBean 对象才被释放。

任务 4：<jsp: getProperty>

<jsp:getProperty>用来返回一个已经被创建的 JavaBean 组件的属性值，等同于使用对象.getXxx()的方式，用于获取属性值，语法格式为：

```
<jsp:getProperty name="bean 的对象名" property="属性名"/>
```

说明如下。

① name 属性：表示 JavaBean 的对象名，对应于<jsp:useBean>的 id 值。

② property 属性：指明要获取的 JavaBean 属性的名称。

任务 5：<jsp:setProperty>

<jsp:setProperty>用来设置一个已经被创建的 JavaBean 组件的属性值，等同于对象.setXxx(参数)，语法格式为：

```
<jsp:setProperty name="bean 的名字" property="属性名"
                value="属性值"| param="参数名/>
```

说明如下。

① name 属性：表示 JavaBean 的对象名，对应<jsp:useBean>的 id 值。

② property 属性：指明要设置的 JavaBean 属性的名称。

③ value 属性：表示要设置的属性值，这个值可以是字符串，也可以是表达式。

④ param 属性：表示利用 request 对象中的参数来设置 JavaBean 属性的值，等同于<%=request.getParameter(String name)%>。

需要注意的是，在<jsp:setProperty>中，param 和 value 不能同时使用，且 param 对应的属性值会自动进行类型转换。

任务 6：JSP 和 JavaBean 编程思想

JSP 和 JavaBean 相结合使用时，JSP 负责调用模型组件 JavaBean 响应用户的请求，并将处理结果返回到客户端。在这种模式下，JSP 负责视图层和控制器的双重功能，JavaBean 负责处理业务逻辑。其优点是实现了 Java 代码和界面代码的分离，适合小型的网站开发；缺点是没有实现视图层和控制层的分离。JSP 和 JavaBean 编程思想如图 5-3 所示。

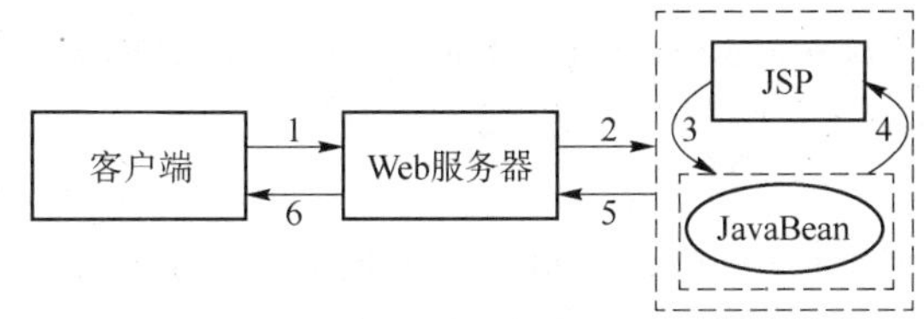

图 5-3　JSP 和 JavaBean 编程思想

JSP 和 JavaBean 编程思想的执行流程具体如下。

（1）客户端浏览器发送请求至服务器端。

（2）服务器接收客户端请求信息后调用 JSP。

（3）在 JSP 页面中调用 JavaBean。

（4）JavaBean 将执行结果返回 JSP。

（5）服务器读取 JSP 页面中的内容。

（6）服务器响应结果，返回给客户端显示。

任务 7：JSP 和 JavaBean 程序设计

根据图书馆管理系统中读者信息添加的功能，使用 JSP 设计表单界面，通过 JavaBean 执行数据传递，并通过 JSP 的 3 个与 JavaBean 相关的动作组件设置和显示读者信息的内容。

其中参见程序 4-22 readerinfo_add.jsp，该文件为读者信息添加的表单界面，参见程序 5-1 ReaderInfo.java，该文件为封装表单数据的 JavaBean 组件，readerinfo_result.jsp 为获取表单信息界面。需要注意的是，将程序 readerinfo_add.jsp 中<form>标记完善为：<form action="readerinfo_result.jsp" method="post">。

程序 5-2：readerinfo_result.jsp

```
<%@page language="java" import="java.util.*" pageEncoding="GB18030"
    contentType="text/html;charset=GB18030"%>
<html>
  <head><title>显示读者信息</title></head>
<body>
  <jsp:useBean id="readerinfo" class="model.ReaderInfo"/>
  <jsp:setProperty property="readerid"
      name="readerinfo" param="readerid"/>
  <jsp:setProperty property="readertypename"
      name="readerinfo" param="readertypename"/>
  <jsp:setProperty property="readername"
      name="readerinfo" param="readername"/>
  <jsp:setProperty property="idcard" name="readerinfo" param="idcard"/>
  读者编号：<jsp:getProperty property="readerid" name="readerinfo"/><br>
  读者类型：
  <jsp:getProperty property="readertypename" name="readerinfo"/><br>
  姓名：<jsp:getProperty property="readername" name="readerinfo"/><br>
```

```
        身份证：<jsp:getProperty property="idcard" name="readerinfo"/><br>
    </body>
</html>
```

打开 IE 浏览器，在地址栏中输入“ http://localhost:8080/BMSProject/readerinfo_add.jsp”，在表单中输入有效信息，读者信息添加界面如图 5-4 所示，单击【保存】按钮，读者信息获取界面如图 5-5 所示。

图 5-4　读者信息添加界面

图 5-5　读者信息获取界面

由此可见，读者信息获取程序的执行流程如下。

（1）客户端浏览器运行 readerinfo_add.jsp，显示读者信息界面，输入有效信息后，单击【保存】将表单信息提交到服务器。

（2）服务器接收客户端请求信息后调用 readerinfo_result.jsp。

（3）在 readerinfo_result.jsp 中通过<jsp:useBean>调用 model.ReaderInfo 的 JavaBean 类。

（4）在 readerinfo_result.jsp 中使用<jsp:setProperty>将表单信息设置在 ReaderInfo 对应的属性中。

（5）服务器根据 readerinfo_result.jsp 中的<jsp:getProperty>读取 JSP 页面中的内容。

（6）服务器响应结果在客户端显示。

5.4　项 目 功 能

在图书馆管理系统中，JavaBean 用户封装数据库或界面需要传递的数据，并通过 Getter 和 Setter 方法获取或设置属性。项目中使用的实体类文件说明如表 5-1 所示。

表 5-1　实体类文件说明

包名	文件名	说　明
model	Users.java	用户的实体类
	BookType.java	图书类型的实体类
	BookInfo.java	图书信息的实体类
	ReaderType.java	读者类型的实体类
	ReaderInfo.java	读者信息的实体类
	BorrowInfo.java	图书借还的实体类

任务 8：用户的实体类

创建用户的实体类，主要用于完成系统登录功能，因此根据登录界面的内容和表中 users

字段对应的数据进行封装，具体代码如下。

程序 5-3：Users.java

```
package model;
public class Users {
    private int userid;
    private String uname;
    private String upwd;
    private int limit;
    //Getters and Setters
}
```

任务 9：图书类型的实体类

创建图书类型的实体类，主要根据图书类型界面的内容和表中 booktype 字段对应的数据进行封装，具体代码如下。

程序 5-4：BookType.java

```
package model;
public class BookType {
    private int booktypeid;
    private String booktypename;
    //Getters and Setters
}
```

任务 10：图书信息的实体类

创建图书信息的实体类，主要根据图书信息界面的内容和表中bookinfo字段对应的数据进行封装，具体代码如下。

程序5-5：BookInfo.java

```
package model;
public class BookInfo {
    private int bookid;
    private String bookname;
    private String author;
    private double price;
    private String isbn;
    private int nownumber;
    private int total;
    private String pubname;
    private int booktypeid;
    private String casename;
```

```
    private String booktypename;
    //Getters and Setters
}
```

任务 11：读者类型的实体类

创建读者类型的实体类，主要根据读者类型界面的内容和表中readertype字段对应的数据进行封装，具体代码如下。

程序5-6：ReaderType.java

```
package model;
public class ReaderType {
    private int readertypeid;
    private String readertypename;
    private int number;
    //Getters and Setters
}
```

任务 12：读者信息的实体类

创建读者信息的实体类，主要根据读者信息界面的内容和表中readerinfo字段对应的数据进行封装，具体代码如下。

程序5-7：ReaderInfo.java

```
package model;
public class ReaderInfo {
    private int readerid;
    private String readername;
    private int readertypeid;
    private String idcard;
    private int borrownumber;
    //Getters and Setters
}
```

任务 13：图书借还的实体类

创建图书借还的实体类，主要根据借阅信息界面内容和表中borrowinfo字段对应的数据进行封装，具体代码如下。

程序5-8：BorrowInfo.java

```
package model;
public class BorrowInfo {
    private int id;
```

```
        private int bookid;
        private int readerid;
        private String borrowdate;
        private String returndate;
        private String renew;
        private double fine;
        private String bookname;
        private int nownumber;
        private int total;
        private String orderdate;  //续借日期
        private int overdate;      //超期天数
        //Getters and Setters
    }
```

5.5 项目小结

本项目重点讲解了 JavaBean 的基本知识，JavaBean 作为 JavaEE 三大组件之一，在 JavaEE 编程开发中具有重要地位。本项目讲解了 JavaBean 的基本概念，JavaBean 是一个实体类，在 MVC 设计模式中，属于 Model 模型层，通常用来封装数据，设置数据的属性和一些行为，用来提高代码的可重用性，对软件的升级和维护起到了重要作用。本项目通过讲解 JavaBean 编写的规范，并结合 JSP 中的 3 个动作组件，详细介绍了 JSP 和 JavaBean 的编程思想，并通过项目案例使读者理解 JavaBean 实体类的应用方式。最后通过项目功能中实体类的操作，为后续 MVC 设计模式中实体类模型层功能的学习奠定良好的基础。

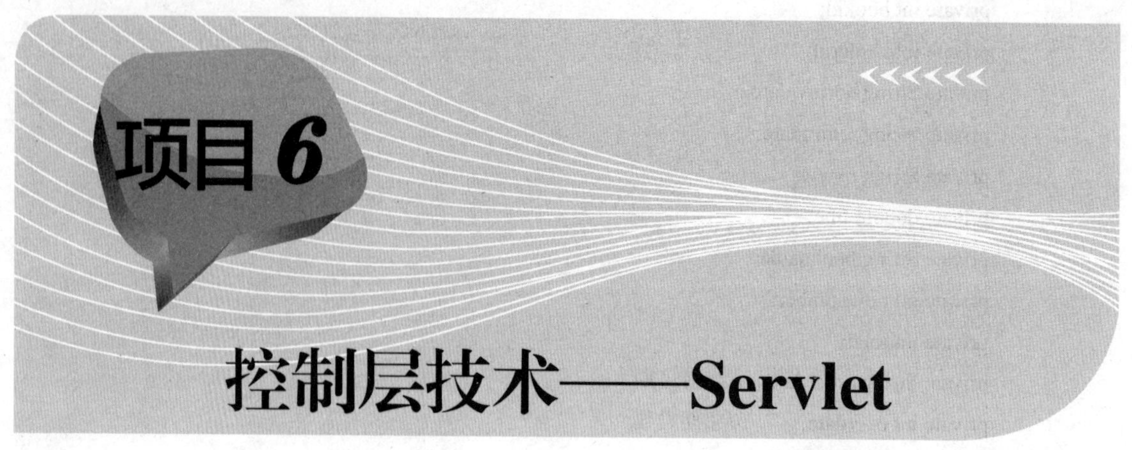

项目描述

随着 Web 应用业务需求的增多，动态 Web 资源的开发变得越来越重要。基于 Java 的动态 Web 资源开发，主要包括 Servlet 和 JSP 两种技术。Servlet 是用 Java 编写的服务器端程序，它与协议和平台无关，Servlet 通过请求和响应的方式提供了 Web 服务，本项目将针对 Servlet 技术的相关知识进行详细讲解。

6.1 学习任务与技能目标

1. 学习任务

（1）Servlet 基本概念。
（2）Servlet 工作原理。
（3）Servlet 编程接口。
（4）Servlet 生命周期。
（5）Servlet 配置。
（6）Servlet 获取用户请求信息。
（7）Servlet 跳转方式。
（8）Servlet 会话跟踪。
（9）Servlet 上下文。
（10）Servlet Filter 过滤器。

2. 技能目标

（1）了解 Servlet 的基本概念和作用。
（2）了解 Servlet 的运行机制和生命周期。
（3）掌握 Servlet 的基本结构。

（4）掌握创建、配置和调试 Servlet 的基本方法。

6.2 Servlet 基本特性

任务 1：Servlet 概述

Servlet 是一种独立于操作系统平台和网络传输协议的服务器端的 Java 应用程序，它用来扩展以请求/响应为模型的服务器功能，可以生成动态的 Web 页面。由于 Servlet 与平台无关，可以编译成字节码文件，动态地载入并有效地扩展服务器的处理能力。

Servlet 由服务器提供服务，本书采用 Tomcat 服务器作为 Servlet 的运行环境，用于管理和维护 Servlet 整个生命周期，并且能够将 Servlet 类编译成字节码，用于动态的调用和加载。

一般情况下，常用 Java Web 项目的 Servlet 是对 HTTP 协议的实现，Servlet 主要用于处理客户端传来的 HTTP 请求，并返回一个响应，它能够处理 HTTP 协议的 GET 和 POST 等请求。

与 HTTP 协议相关的 Servlet 使用 HTTP 请求和 HTTP 响应与客户端进行交互，因此，服务器支持所有 HTTP 协议的请求和响应。Servlet 应用程序的体系结构如图 6-1 所示。

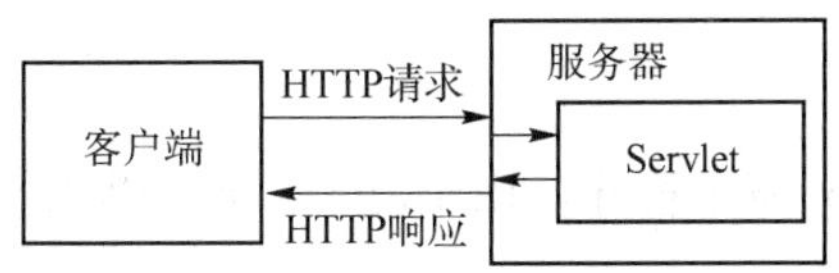

图 6-1 Servlet 应用程序的体系结构

需要注意的是，Servlet 是在 Tomcat 服务器的 Java 虚拟机中进行操作的，Servlet 通过调用服务器提供的标准服务与外界交互，在交互的过程中，有一个文件起到至关重要的作用，该文件名为 web.xml，称为部署描述符文件，它详细描述了 Servlet 调用服务器时的相关信息。

任务 2：Servlet 工作原理

Servlet 是位于 Web 服务器端的 Java 应用程序，由服务器负责管理 Servlet，它能够装入并初始化 Servlet，管理 Servlet 的多个实例。Web 服务器能够将客户端的请求传递到 Servlet，并将 Servlet 的响应返回给客户端。Web 服务器在 Servlet 的使用期限结束时终结该 Servlet。服务器关闭时，Servlet 会从内存中卸载并清除。

Servlet 的基本工作流程如下。

（1）客户端发送请求至服务器端。

（2）服务器将请求信息提交至 Servlet。

（3）Servlet 生成响应内容并将其传给服务器。

（4）服务器将响应返回给客户端。

由此可见，客户端与 Servlet 间没有直接的交互，无论是客户端对 Servlet 的请求还是 Servlet 对客户端的响应，都是通过 Web 服务器来实现的，大大提高了 Servlet 组件的可移植性。

任务 3：Servlet 优势

Servlet 在服务器端运行，与传统的 GUI 和其他类似技术相比较，它具有更高的效率和更好的可移植性，更容易使用，功能强大。其具体优点如下。

1. 高效性

在 Servlet 中，每个请求由一个轻量级的 Java 线程处理，如果处理请求的是多个线程，只需要一个 Servlet 即可实现，因此在性能优化方面，可以缓存数据，提升程序运行效能。

2. 功能强大

Servlet 提供了大量的 API，可以方便客户端与服务器端交互信息，如可以获取用户请求信息、实现控制层转发、会话状态、实现过滤器和监听器等功能。

3. 可移植性

Servlet 是 Java 应用程序，在 Servlet API 中提供了完善的标准，它通过编译运行生成类文件，因此 Servlet 可以移植到具有 JVM 的不同操作系统平台和不同应用服务器平台运行。目前主流的服务器都能够直接或通过插件方式支持 Servlet。

4. 可扩展性强

采用 Servlet 开发的 Web 应用程序，由于 Java 类的继承性及函数等特点，使得应用灵活，可随意扩展。

5. 节省投资

Servlet 可以运行在开源或价格低廉的 Web 服务器中，并且大部分功能免费，只需要极少的投资和费用即可完成项目开发。

6.3 Servlet 编程接口

任务 4：Servlet API

Servlet 是位于 Web 服务器端的程序，用于处理和响应客户端的请求，它是一个特殊的 Java 类。JavaEE 标准定义了 Servlet API，用于定义服务器和 Servlet 之间的标准接口。Servlet API 是一组接口和类，主要包括两个包，即 javax.servlet 和 javax.servlet.http。javax.servlet 包中的类和接口主要描述和定义 Servlet 类与 Servlet 类的实例提供的运行环境之间的协定。javax.servlet.http 包中的类和接口主要描述和定义了基于 HTTP 协议下运行的 Servlet 类与 Servlet 类的实例提供的运行环境之间的协定。

通常 Servlet 都需要实现 javax.servlet 包中的 GenericServlet 类或 javax.servlet.http 包中的 HttpServlet 类。GenericServlet 是通用的 Servlet 类，用于定义和管理 Servlet 与客户端通信的方法。HttpServlet 接口是继承 GenericServlet 接口类的一个抽象子类，用于定义和管理基于

HTTP 协议的 Servlet 与客户端通信的方法。

Servlet 常用的类和接口可以根据作用进行分类，如表 6-1 所示。

表 6-1　Servlet 常用类和接口

目　的	类和接口
Servlet 实现	javax.servlet.Servlet，javax.servlet.http.HttpServlet
Servlet 配置	javax.servlet.ServletConfig
Servlet 上下文	javax.servlet.ServletContext
Servlet 请求转发	javax.servlet.RequestDispatcher
Servlet 请求和响应	javax.servlet.ServletRequest, javax.servlet.ServletResponse javax.servlet.HttpServletRequest, javax.servlet.HttpServletResponse
Servlet 会话跟踪	javax.servlet.http.HttpSession，javax.servlet.http.Cookie
Servlet 异常处理	javax.servlet.ServletException

任务 5：HttpServlet 类

由于大多数 Web 应用都是通过 HTTP 协议和客户端进行交互，因此在 Web 的程序开发中，通常继承 javax.servlet.http.HttpServlet 父类，专门用于创建应用于 HTTP 协议的 Servlet。HttpServlet 定义如下：

```
public abstract class HttpServlet extends GenericServlet
```

HttpServlet 是一个抽象类，用以创建适合于 Web 项目的 HttpServlet。HttpServlet 用于响应客户端的常用方法如下。

（1）doGet()：响应 HTTP 协议的 GET 请求。

（2）doPost()：响应 HTTP 协议的 POST 请求。

（3）doPut()：响应 HTTP 协议的 PUT 请求。

（4）doDelete()：响应 HTTP 协议的 DELETE 请求。

由于大多数客户端的请求方式都是 GET 和 POST，因此学习如何使用 HttpServlet 中 doGet()和 doPost()方法相当重要。

6.4　Servlet 生命周期

任务 6：Servlet 生命周期

在 Java 中的任何对象都有生命周期，Servlet 是一个 Java 类，因此 Servlet 也有生命周期。按照功能的不同，大致可以将 Servlet 的生命周期分为 3 个阶段，分别是初始化阶段、运行阶段和销毁阶段。Servlet 生命周期如图 6-2 所示。

1. 初始化阶段

当客户端向 Servlet 服务器发出 HTTP 请求要求访问 Servlet 时，Servlet 服务器首先会解析请求，检查内存中是否已经有了该 Servlet 对象，如果有就直接使用该 Servlet 对象，如果没有就创建 Servlet 实例对象，然后通过调用 init()方法实现 Servlet 的初始化工作。需要注意的是，在 Servlet 的整个生命周期内，它的 init()方法只被调用一次。

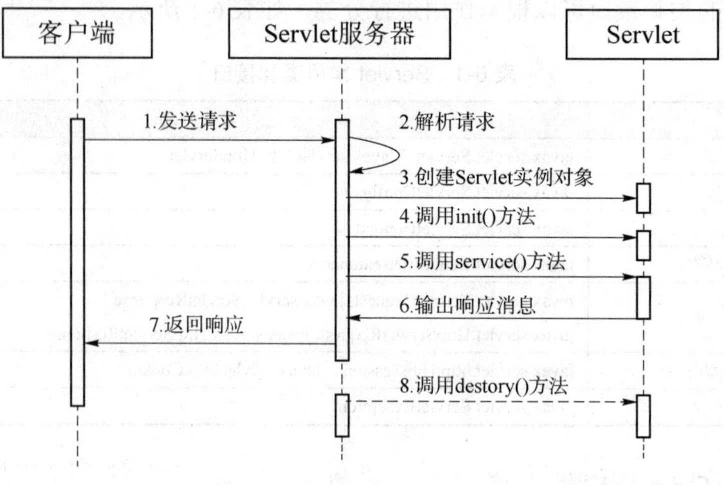

图 6-2　Servlet 生命周期

2. 运行阶段

运行阶段是 Servlet 生命周期中最重要的阶段，在这个阶段，Servlet 服务器会为这个请求创建代表 HTTP 请求的 request 对象和代表 HTTP 响应的 response 对象，然后将它们作为参数传递给 Servlet 的 service()方法。service()方法从 request 请求对象中获得客户请求信息并处理该请求，通过 response 响应对象生成响应结果。在 Servlet 的整个生命周期内，对于 Servlet 的每一次访问请求，Servlet 服务器都会调用一次 Servlet 的 service()方法，并且创建新的 request 请求和 response 响应对象，也就是说，service()方法在 Servlet 的整个生命周期中会被调用多次。

需要注意的是，service()方法可以处理 HTTP 协议中的 GET 或 POST 方式的请求，通常项目操作时，doGet()或 doPost()使用较多。

3. 销毁阶段

当服务器关闭或 Web 应用被移出服务器时，Servlet 随着 Web 应用的销毁而销毁。在销毁 Servlet 之前，Servlet 服务器会调用 Servlet 的 destroy()方法，以便让 Servlet 对象释放它所占用的资源。在 Servlet 的整个生命周期中，destroy()方法也只被调用一次。需要注意的是，Servlet 对象一旦创建就会驻留在内存中等待客户端的访问，直到服务器关闭，或 Web 应用被移出服务器时 Servlet 对象才会销毁。

6.5　Servlet 配置

任务 7：Servlet 基本配置

在 Java Web 应用中，由于客户端是通过 URL 地址访问 Web 服务器中的资源，所以 Servlet 程序若想被外界访问，必须把 Servlet 程序映射到一个 URL 地址上，这个工作在 web.xml 配置文件中使用<servlet>元素和<servlet-mapping>元素完成。

web.xml 的作用是作为 Web 服务器与 Web 应用交互的场所，它位于应用的 WEB-INF 目录下，web.xml 配置文件包含了 Web 应用的重要描述信息。在 web.xml 的根元素<web-app>下，使用<servlet>元素描述 Servlet 逻辑名称与 Servlet 实现类之间对应的关系，<servlet-mapping>元素描述 Servlet 逻辑名称与 URL 请求地址之间的对应关系。配置代码如下：

```
<servlet>
    <servlet-name>Servlet 的逻辑名称</servlet-name>
    <servlet-class>Servlet 实现类</servlet-class>
<servlet>
<servlet-mapping>
    <servlet-name>Servlet 的逻辑名称</servlet-name>
    <url-pattern>Servlet 映射的 URL 地址</url-pattern>
</servlet-mapping>
```

任务 8：Servlet 多重映射配置

Servlet 的多重映射指的是同一个 Servlet 可以被映射到多个 URL 上，也就是客户端可以通过多个路径实现对同一个 Servlet 的访问。

Servlet 多重映射的实现方式有两种：一种是配置多个<servlet-mapping>；另一种是在<servlet-mapping>元素下配置多个<url-pattern>。

1. 配置多个<servlet-mapping>

```
<servlet-mapping>
    <servlet-name>Servlet 的逻辑名称</servlet-name>
    <url-pattern>Servlet 映射的 URL 地址 1</url-pattern>
</servlet-mapping>
<servlet-mapping>
    <servlet-name>Servlet 的逻辑名称</servlet-name>
    <url-pattern>Servlet 映射的 URL 地址 2</url-pattern>
</servlet-mapping>
```

2. 在<servlet-mapping>元素下配置多个<url-pattern>

```
<servlet-mapping>
    <servlet-name>Servlet 的逻辑名称</servlet-name>
    <url-pattern>Servlet 映射的 URL 地址 1</url-pattern>
    <url-pattern>Servlet 映射的 URL 地址 2</url-pattern>
</servlet-mapping>
```

任务 9：Servlet 映射配置中通配符的使用

在实际项目开发中，开发者希望某个目录下的所有路径都可以访问同一个 Servlet，因此可以在Servlet映射的路径中使用通配符。通配符通常使用以下两种固定的格式。

1. 格式是“*.扩展名”

```
<servlet-mapping>
    <servlet-name>Servlet 的逻辑名称</servlet-name>
    <url-pattern>*.do</url-pattern>
</servlet-mapping>
```

表示匹配以“.do”结尾的所有URL地址。

2. 格式是以正斜杠（/）开头并以“/*”结尾

```
<servlet-mapping>
    <servlet-name> Servlet 的逻辑名称</servlet-name>
    <url-pattern>/action/*</url-pattern>
</servlet-mapping>
```

表示匹配路径为/action路径下的所有URL地址。

需要注意的是，两种通配符的格式不能混合使用，如/action/*.do 是不合法的映射路径。此外，当客户端访问同一个 Servlet 时，如果请求的 URL 地址能够匹配多个虚拟路径，那么 Web服务器将采取最具体的匹配原则与请求URL最接近的虚拟路径进行映射。

6.6　实现第一个 Servlet

任务 10：Servlet 的编写与运行

了解了Servlet的基本知识后，接下来分步骤实现一个响应HTTP请求的Servlet，需要以下两个步骤。

（1）创建一个继承javax.servlet.http.HttpServlet类的Servlet类。

（2）重写HttpServlet类中的doGet()或doPost()方法，实现对HTTP请求信息的动态响应。

需要注意的是，在Servlet API中，doGet()和doPost()方法的定义如下：

```
protected void doGet(HttpServletRequest request,
        HttpServletResponse response) throws ServletException,IOException
protected void doGet(HttpServletRequest request,
        HttpServletResponse response) throws ServletException,IOException
```

由Servlet API可见，在doPost( )和doGet( )方法中有两个参数，其中request是HttpServletRequest接口的请求对象，代表客户端发出的请求信息，response 是 HttpServletRequest 接口的响应对象，代表 Servlet 返回客户端的响应信息。这两个方法都抛出 ServletException 和 IOException 的异常处理。

Servlet 作为一个 Web 组件，必须包含在某个 Web 项目中，因此在 MyEclipse 开发环境创建的 Web 项目 BMSProject 中，可以创建 Servlet 程序。在 MyEclipse 左侧【Package Explorer】中的 BMSProject 项目中单击右键，选择快捷菜单中的【New】→【Servlet】命

令，弹出【Create a new Servlet】对话框，如图 6-3 所示。

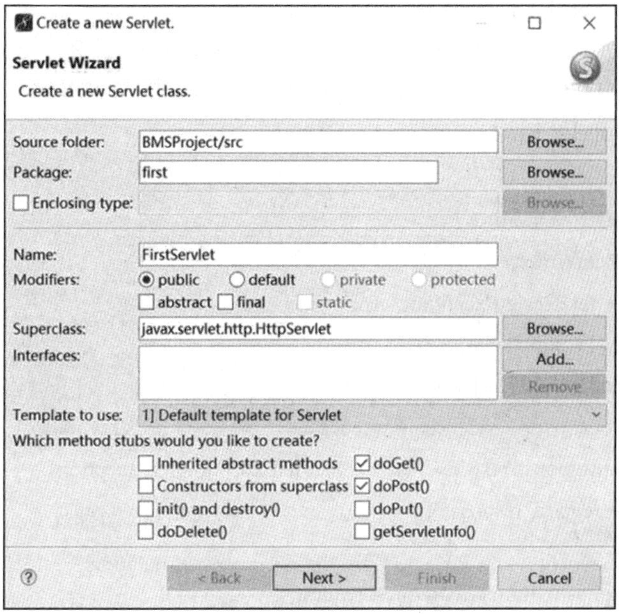

图 6-3 【Create a new Servlet】对话框

在【Create a new Servlet】对话框中的【Package】文本框中输入 Java 类的包名“first”，在【Name】文本框中输入类名 FirstServlet，在该对话框中，可以看到【Superclass】继承了 javax.servlet.http.HttpServlet 类，并可以重写 doPost()和 doGet()方法。单击【Next】按钮，显示【Servlet Wizard】对话框，显示 Servlet 相关信息，如图 6-4 所示。

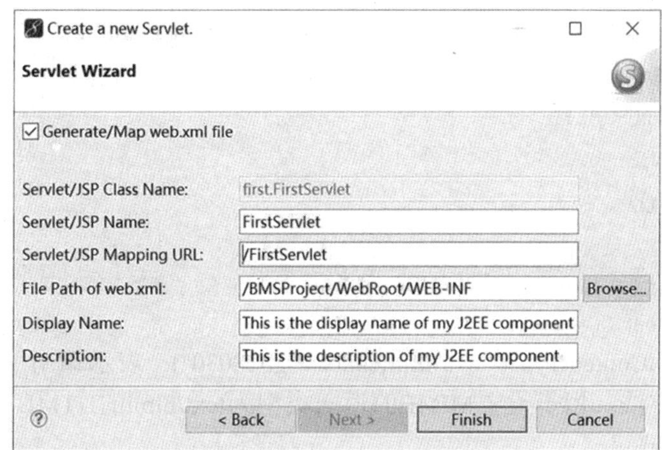

图 6-4 【Servlet Wizard】对话框

【Servlet Wizard】对话框中相关的 Servlet 信息包括以下几个。

（1）Servlet/JSP Class Name：显示 Servlet 类路径和类名。

（2）Servlet/JSP Name：显示 Servlet 的逻辑名称。

（3）Servlet/JSP Mapping URL：显示 Servlet 映射的 URL 地址，即 Servlet 在浏览器中对应请求的 URL 地址。

（4）File Path of web.xml：显示 web.xml 存放路径。

（5）Display Name：Servlet 显示信息。

（6）Description：Servlet 描述信息。

单击【Finish】按钮，MyEclipse 自动生成 Servlet 基本代码，其中 doPost()和 doGet()方法用于响应客户端发出的 GET 和 POST 请求，重写这两个方法实现对 GET 和 POST 的处理。

程序 6-1：FirstServlet.java

```
package first;
import java.io.IOException;
import java.io.PrintWriter;
import javax.servlet.ServletException;
import javax.servlet.http.*;
public class FirstServlet extends HttpServlet {
   public void doGet(HttpServletRequest request,
      HttpServletResponse response) throws ServletException,IOException{
      this.doPost(request, response);
   }
   public void doPost(HttpServletRequest request,
      HttpServletResponse response) throws ServletException,IOException{
      response.setContentType("text/html;charset=gb18030");
      PrintWriter out = response.getWriter();
      out.println("<HTML>");
      out.println(" <HEAD><TITLE>A Servlet</TITLE></HEAD>");
      out.println(" <BODY>");
      out.print("您好，世界！");
      out.println(" </BODY>");
      out.println("</HTML>");
      out.flush();
      out.close();
      }
}
```

关键代码说明如下。

（1）response.setContentType("text/html;charset=gb18030")：表示调用了response响应对象的setContentType()方法，用于设置MIME的返回类型为text/html的HTML文件，编码格式为gb18030中文编码格式。

（2）PrintWriter out = response.getWriter()：表示使用response响应对象的getWriter()方法，得到一个PrintWriter对象out。

（3）out.print("您好，世界!")：利用out对象的print()方法，可以在浏览器中输出“您好，世界！”的信息。

MyEclipse集成开发环境可以自动生成web.xml，并配置完成FirstServlet的相关信息。

程序 6-2：web.xml

```
<?xml version="1.0" encoding="UTF-8"?>
```

```
<web-app xmlns:xsi="http://www.w3.org/2001/XMLSchema-instance" xmlns="http://xmlns.jcp.org/xml/ns/javaee"
xsi:schemaLocation="http://xmlns.jcp.org/xml/ns/javaee
http://xmlns.jcp.org/xml/ns/javaee/web-app_3_1.xsd" id="WebApp_ID" version="3.1">
  <display-name>BMSProject</display-name>
    <servlet>
      <servlet-name>FirstServlet</servlet-name>
      <servlet-class>first.FirstServlet</servlet-class>
    </servlet>
    <servlet-mapping>
      <servlet-name>FirstServlet</servlet-name>
      <url-pattern>/FirstServlet</url-pattern>
    </servlet-mapping>
    <welcome-file-list>
      <welcome-file>index.html</welcome-file>
    </welcome-file-list>
</web-app>
```

Servlet创建完成后，启动服务器，将项目发布到Tomcat服务器中，并通过浏览器显示其内容。

打开 IE 浏览器，在地址栏中输入“http://localhost:8080/BMSProject/FirstServlet”，程序运行结果如图 6-5 所示。

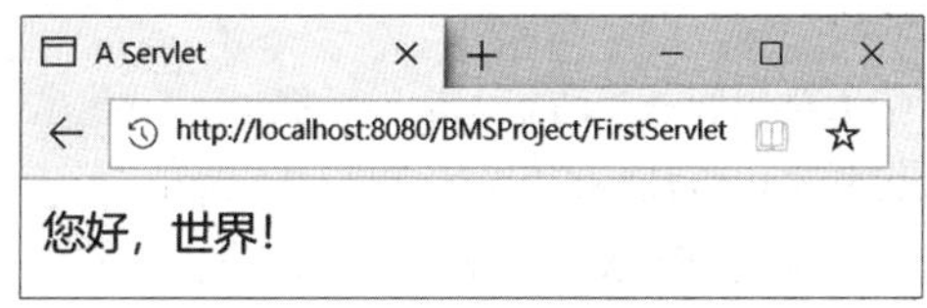

图 6-5 Servlet 运行结果界面

说明：Web 服务器通过浏览器中输入的地址“http://localhost:8080/BMSProject/FirstServlet”，映射到 FirstServlet，输出字符串“您好，世界！”。原因在于每个 Web 应用程序都对应一个 URL 请求地址，其中“http://”表示采用 HTTP 协议进行交互，“localhost”表示本机，“8080”代表 Tomcat 服务器的端口号，“BMSProject”是项目 Web Context-root 的路径，“FirstServlet”代表 web.xml 中<url-pattern>/FirstServlet</url-pattern>对应的地址。

6.7 Servlet 获取用户请求信息

任务 11：获取表单信息

1. 表单的使用

在 Web 程序设计中，客户端以表单方式向服务器提交数据是最常见的一种方式。表单在网页中主要负责数据采集，表单是客户端与服务器端交互的一种常用方式。在表单中包含文本框、多行文本框、密码框、复选框、单选框和下拉选择框等，用于采集用户的输入或选择的数据。

Servlet 获取用户表单的请求信息，首先需要创建客户端的表单程序。为了更深入地掌握 Servlet 技术，修改程序 4-4 bookinfo_file.jsp 文件，完成表单程序的关键代码。

程序 6-3：bookinfo_file.jsp

```
<%@page language="java" import="java.util.*" pageEncoding="GB18030"
    contentType="text/html;charset=GB18030"%>
<html>
<head><title>图书信息界面</title></head>
<body>
<form action="BookInfoServlet" method="post">
  图书编号：<input name="bookid" type="text"><br>
  图书名称：<input name="bookname" type="text"><br>
  图书类型：
  <input type="radio" name="typename" value="计算机类">计算机类
  <input type="radio" name="typename" value="经管类">经管类
  <input type="radio" name="typename" value="科幻类">科幻类
  <input type="radio" name="typename" value="文学类">文学类<br>
  作者：<input name="author" type="text"><br>
  出版社：
  <select name="pubname">
    <option value="清华大学出版社">清华大学出版社</option>
    <option value="人民邮电出版社">人民邮电出版社</option>
    <option value="北京理工大学出版社">北京理工大学出版社</option>
  </select><br>
  价格：<input name="price" type="text">(元)<br>
  适用人群：
  <input type="checkbox" name="crowd" value="专科">专科
  <input type="checkbox" name="crowd" value="本科">本科
  <input type="checkbox" name="crowd" value="硕士">硕士
  <input type="checkbox" name="crowd" value="博士">博士<br>
  备注：<textarea cols="40" rows="3" name="content"></textarea><br>
  <input type="submit" value="保存" >
  <input type="reset" value="返回" >
  </form>
</body>
</html>
```

打开 IE 浏览器，在地址栏中输入“http://localhost:8080/BMSProject/bookinfo_file.jsp”，在表单中输入有效信息，程序运行结果如图 6-6 所示。

图书编号：110
图书名称：Java Web程序设计
图书类型：◉计算机类 ○经管类 ○科幻类 ○文学类
作者：靳新
出版社：清华大学出版社
价格：35 (元)
适用人群：☑专科 ☑本科 ☐专科 ☐硕士 ☐博士
备注：无
保存 返回

图 6-6　添加图书信息界面

2. 表单信息的获取

表单数据提交的方法有两种，即 POST 方法和 GET 方法，Servlet 的基本功能是可以根据客户端的请求自动地将以上两种方式得到的数据进行动态响应。表单信息的获取需要使用 ServletRequest 接口中的方法实现。在表单中，根据变量值的个数，对应不同的方法取值，如表单中的文本框、密码框、下拉框、单选按钮等，变量值只有一个，属于单值信息；复选框、复选下拉框等，变量值有多个，属于多值信息。

单值信息的获取方式，需要使用 ServletRequest 接口中的 getParameter()方法，具体如下：

```
String getParameter(String name)
```

其中参数为 String 字符串类型，用于描述客户端 JSP 中对应控件的名字，返回值为 String 字符串类型。

多值信息的获取方式，需要使用 ServletRequest 中的 getParameterValues()方法，具体如下。

```
String[] getParameterValues(String name)
```

其中参数为 String 字符串类型，用于描述客户端 JSP 中对应控件的名字；返回值为 String 的数组类型，用于存放多个值。

在 MyEclipse 开发环境中创建 BookInfoServlet.java，用于获取用户表单提交的信息。

程序 6-4：BookInfoServlet.java

```
package servlet;
import java.io.IOException;
import java.io.PrintWriter;
import javax.servlet.ServletException;
import javax.servlet.http.*;
public class BookInfoServlet extends HttpServlet {
   public void doGet(HttpServletRequest request,
      HttpServletResponse response) throws ServletException, IOException{
      this.doPost(request, response);
   }
```

```
    public void doPost(HttpServletRequest request,
  HttpServletResponse response) throws ServletException,IOException{
      response.setContentType("text/html;charset=gb18030");
      request.setCharacterEncoding("gb18030");
      PrintWriter out = response.getWriter();
      int bookid=Integer.ParseInt(request.getParameter("bookid"));
      out.print("图书编号："+bookid+"<br>");
      String bookname=request.getParameter("bookname");
      out.print("图书名称："+bookname+"<br>");
      String typename=request.getParameter("typename");
      out.print("图书类型："+typename+"<br>");
      String author=request.getParameter("author");
      out.print("作者："+author+"<br>");
      String pubname=request.getParameter("pubname");
      out.print("出版社："+pubname+"<br>");
      double price=Double.parseDouble(request.getParameter("price"));
      out.print("价格："+price+"<br>");
      out.print("适用人群：");
      String[] crowd=request.getParameterValues("crowd");
      for(int i=0;i<crowd.length;i++){
         out.print(crowd+"        ");  }
      out.print("<br>");
      String content=request.getParameter("conteng");
      out.print("备注："+content+"<br>");
      out.flush();
      out.close();
      }
}
```

MyEclipse 集成开发环境可以自动生成 web.xml，并配置完成 BookInfoServlet 的相关信息。

程序 6-5：web.xml

```
  <?xml version="1.0" encoding="UTF-8"?>
  <web-app>
    <display-name>BMSProject</display-name>
    <servlet>
      <servlet-name>BookInfoServlet</servlet-name>
      <servlet-class>servlet.BookInfoServlet</servlet-class>
    </servlet>
    <servlet-mapping>
      <servlet-name>BookInfoServlet</servlet-name>
      <url-pattern>/BookInfoServlet</url-pattern>
```

```
    </servlet-mapping>
</web-app>
```

在表单bookinfo.jsp中输入有效信息，单击“保存”按钮，bookinfo.jsp会根据<form>中的action，跳转到BookInfoServlet中，进行表单值的获取。表单获取信息的结果界面如图6-7所示。

图书编号:	110
图书名称:	JavaWeb程序设计
图书类型:	计算机类
作者:	靳新
出版社:	清华大学出版社
价格:	35 (元)
适用人群:	专科 本科
备注:	无

图 6-7 表单获取信息的结果界面

3. 中文乱码的问题

在计算机中，数据是以二进制的方式存储的。当网络传输文本数据时，计算机要准确地处理各种字符集文字，就需要进行字符编码，以便计算机能够识别和存储各种文字。因此，计算机中需要字符和字节之间的转换，字符转换成字节的过程称为编码，字节转换成字符的过程称为解码，如果编码和解码使用的字符编码格式不一致，就会导致乱码问题。通常解决乱码的方式有以下两种。

（1）POST 方式提交数据的乱码解决方案。

```
response.setContentType("text/html;charset=gb18030");
request.setCharacterEncoding("gb18030");
```

使用 request 请求对象中的 setCharacterEncoding()方法设置请求发送数据的中文编码格式，使用 response 响应对象的 setContentType()方法，设置响应为 HTML 页面，且编码格式为中文编码。

（2）GET 方式提交数据的乱码解决方案。

```
String bookname=newString(request.getParameter("bookname")
        .getBytes("ISO8859-1"),"gb18030");
```

在 String 的构造方法中，将表单获取的字符串信息，先使用 String 的 getBytes()方法，以原始的 ISO-8859-1 进行解码转换成字节数组，然后以 gb18030 编码格式封装成新的字符串，以解决中文乱码问题。

任务 12：获取 URL 参数信息

在 Web 应用的开发中，通常会使用链接的方式进行传值，即在 URL 中携带参数，以提交用户请求的信息。URL 参数信息是通过在 URL 地址后面增加参数名和参数值的方式进行信息的记录，URL 地址与记录信息的字符之间用“？”隔开，如果有多个参数，参数间用“&”隔开，该方式也称为 URL 重写。例如，图书馆管理系统中，图书信息的修改和删除功能是通过在 URL 链接中携带参数形式完成数据传递的，通过获取参数信息，完成修改或删除的功能。

通过以下程序了解获取 URL 参数信息的编程方式。

程序 6-6：bookinfo_link.jsp

```
<%@page language="java" import="java.util.*" pageEncoding="GB18030"
    contentType="text/html;charset=GB18030"%>
<html>
  <head><title>图书信息</title></head>
  <body>
  <a href=
  "BookInfoLinkServlet?bookid=110&bookname=JavaWeb 程序设计">
  单击
    </a>
  </body>
</html>
```

打开 IE 浏览器，在地址栏中输入“http://localhost:8080/BMSProject/bookinfo_link.jsp”，程序运行结果如图 6-8 所示。

当前位置：系统设置 > 图书设置 >>>
单击

图 6-8　链接显示界面

程序 6-7：BookInfoLinkServlet.java

```
package servlet;
import java.io.*;
import javax.servlet.ServletException;
import javax.servlet.http.*;
public class BookInfoLinkServlet extends HttpServlet {
  public void doGet(HttpServletRequest request,
    HttpServletResponse response) throws ServletException,IOException{
    response.setContentType("text/html;charset=gb18030");
    request.setCharacterEncoding("gb18030");
    PrintWriter out = response.getWriter();
    int bookid=Integer.parseInt(request.getParameter("bookid"));
    String bookname=new String(request.getParameter("bookname")
        .getBytes("ISO8859-1"),"gb18030");
    out.print("图书编号："+bookid+"<br>");
    out.print("图书名称："+bookname+"<br>");
    }
```

```
        public void doPost(HttpServletRequest request,
            HttpServletResponse response) throws ServletException,IOException{
                this.doGet(request, response);
            }
    }
```

程序 6-8：web.xml

```
<?xml version="1.0" encoding="UTF-8"?>
<web-app>
<display-name>BMSProject</display-name>
    <servlet>
        <servlet-name>BookInfoLink </servlet-name>
        <servlet-class>servlet.BookInfoLink</servlet-class>
    </servlet>
    <servlet-mapping>
        <servlet-name>BookInfoLinkServlet</servlet-name>
        <url-pattern>/BookInfoLinkServlet</url-pattern>
    </servlet-mapping>
</web-app>
```

单击链接，请求会跳转到BookInfoLinkServlet中，对链接中bookid和bookname参数的值进行获取，链接信息获取界面如图6-9所示。

当前位置：系统设置 > 图书设置 >>>
图书编号：110
图书名称：JavaWeb程序设计

图 6-9　链接信息获取界面

6.8　Servlet 跳转方式

在MVC分层设计模式的项目开发中，Servlet作为控制器的主要原因在于它实现了前端视图层与后台数据的交互功能。当服务器接收到客户端的请求时，它负责创建request对象和response对象，然后将这两个对象以参数的形式传递给与请求URL地址相关联的Servlet的doGet()或doPost()方法中进行处理。对于复杂的项目而言，仅仅通过一个Servlet来实现请求的处理是比较困难的，这时需要多个Servlet间共同协作完成处理的请求，在交互的过程中，Servlet类似调度员，决定了程序执行的流向，因此跳转方式是Servlet作为控制器的重要作用之一。

Servlet跳转方式可以采用重定向和请求转发，这两种方式都可以用作跳转功能，但是其中有很大的差别。

任务 13：重定向

重定向是通过相应的方法将各种网络请求重新定个方向转到其他位置。在Servlet中，通过HttpServletResponse的sendRedirect()方法实现重定向，方法定义如下：

```
void sendRedirect(String location) throws IOException
```

表示使用指定的重定向位置URL向客户端发送临时重定向响应，并清除缓冲区，也就是说，当使用重定向跳转方式时，跳转是在客户端实现的。重定向的工作原理如图6-10所示。

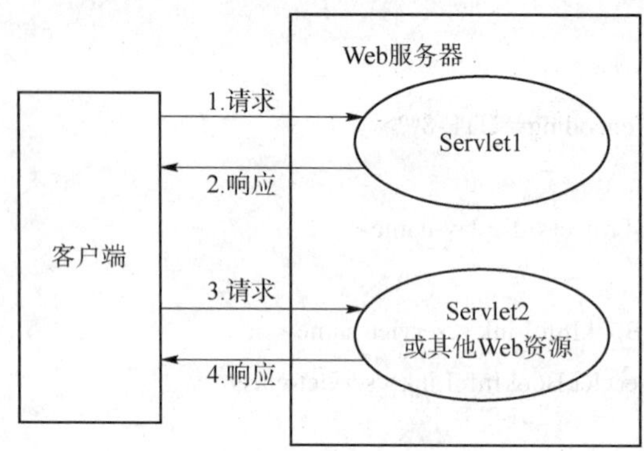

图 6-10　重定向的工作原理

重定向的处理过程是：客户端浏览器发送一个请求到服务器，服务器匹配Servlet，Servlet处理完成相应功能后，调用response响应对象的sendRedirect()方法跳转至对应URL，此时Servlet会立即向客户端返回这个响应；响应后告诉客户端必须再重新发送一个请求，去访问下一个URL，客户端收到这个请求后，立刻发出新的请求，去访问下一个URL，即两次发出的请求互不干扰、相互独立。

下面通过图书馆管理系统中的登录功能来实现重定向的跳转方式。以程序4-6 login.jsp登录界面为例，完成登录验证和取值功能。主要由两个Servlet来实现：LoginValidateServlet用来实现登录验证功能；LoginSuccessServlet为登录成功界面。

程序 6-9：LoginValidateServlet.java

```
package servlet;
import java.io.*;
import javax.servlet.*;
import javax.servlet.http.*;
public class LoginValidateServlet extends HttpServlet {
    public void doGet(HttpServletRequest request,
        HttpServletResponse response) throws ServletException,IOException{
        this.doPost(request, response);
    }
    public void doPost(HttpServletRequest request,
        HttpServletResponse response) throws ServletException,IOException{
        response.setContentType("text/html;charset=gb18030");
        request.setCharacterEncoding("gb18030");
        String userid= request.getParameter("userid");
        String upwd=request.getParameter("upwd");
        if(userid.equals("admin")&&upwd.equals("admin")){
            response.sendRedirect("LoginSuccessServlet");
```

```
            }else{
                response.sendRedirect("login.jsp");
            }
        }
    }
```

在 MyEclipse 开发环境中创建 LoginSuccessServlet.java，用于完成登录成功功能。

程序 6-10：LoginSuccessServlet.java

```
package servlet;
import java.io.*;
import javax.servlet.*;
import javax.servlet.http.*;
public class LoginSuccessServlet extends HttpServlet{
    public void doGet(HttpServletRequest request,
        HttpServletResponse response)throws ServletException,IOException{
        this.doPost(request,response);
    }
    public void doPost(HttpServletRequest request,
        HttpServletResponse response) throws ServletException,IOException{
        response.setContentType("text/html;charset=gb18030");
        request.setCharacterEncoding("gb18030");
        PrintWriter out=response.getWriter();
        String userid=request.getParameter("userid");
        out.print("当前登录用户："+userid);
        }
}
```

MyEclipse 集成开发环境可以自动生成 web.xml，并配置完成 LoginValidateServlet 和 LoginSuccessServlet 的相关信息，配置文件代码省略。

打开 IE 浏览器，在地址栏中输入“http://localhost:8080/BMSProject/loginSuccessServlet”，输入有效信息，程序运行结果如图 6-11 所示。

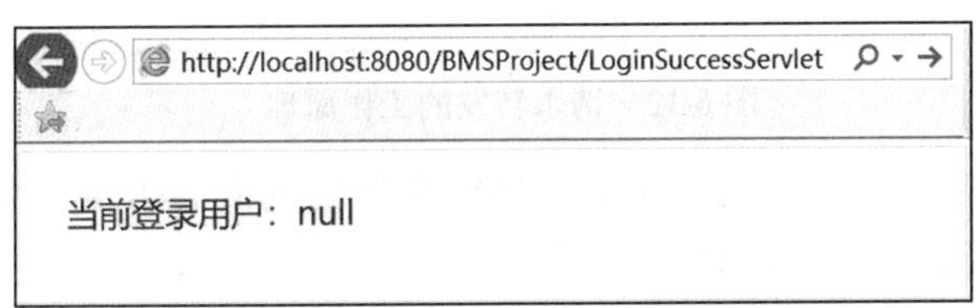

图 6-11　登录成功界面

在登录表单界面 login.jsp 中输入有效的账号和密码，单击“确定”按钮，login.jsp 会根据<form>中的 action，跳转到 LoginValidateServlet 中，进行表单值的验证。如果输入账号为 admin、密码为 admin，LoginValidateServlet 根据 response.sendRedirect("LoginSuccessServelt") 跳转到 LoginSuccessServlet，通过 out.print("当前登录用户："+userid)输出账号。但是由程序运行结果可见，当前登录用户输出为 null，并未显示 admin 的值，路径中对应的是目标地址

LoginSuccessServlet，因此重定向跳转方式的特点如下。

（1）重定向是客户端行为，每次发出的请求都是由客户端发起的。

（2）重定向每发起一次请求，就会刷新request对象的属性，之前的request对象的属性值就失效了，即重定向在多次跳转之间传输的信息会丢失，不会共享同一个request请求对象。

（3）重定向在多次跳转后，地址栏发生改变，浏览器显示的是目标文件的地址。

（4）重定向可以指向任何的资源，包括当前应用程序中的其他资源、同一个站点上的其他应用程序中的资源。其他站点的资源需注意的是，传递给HttpServletResponse.sendRedirect()方法的相对URL以“/”开头，它是相对于整个Web站点的根目录。

（5）重定向可以转向当前Web应用之外的页面和网站，所以转向的速度相对要慢。

任务 14：请求转发

请求转发是服务器的行为，可以理解为服务器将request请求对象在页面之间传递。在Servlet中，通过ServletRequest响应对象的getRequestDispatcher()方法得到RequestDispatcher对象，再使用RequestDispatcher对象的forward()方法实现请求转发，方法定义如下：

```
RequestDispatcher getRequestDispatcher(String path)
void forward(ServletRequest request,ServletResponse response)
      throws ServletException,IOException
```

请求转发模式由服务器转发给另一个文件处理，如何转发、何时转发、转发几次，客户端是不知道的。请求转发时，从发送第一次到最后一次请求的过程中，服务器只创建一次request和response对象，新的页面继续处理同一个请求，请求转发的工作原理如图6-12所示。

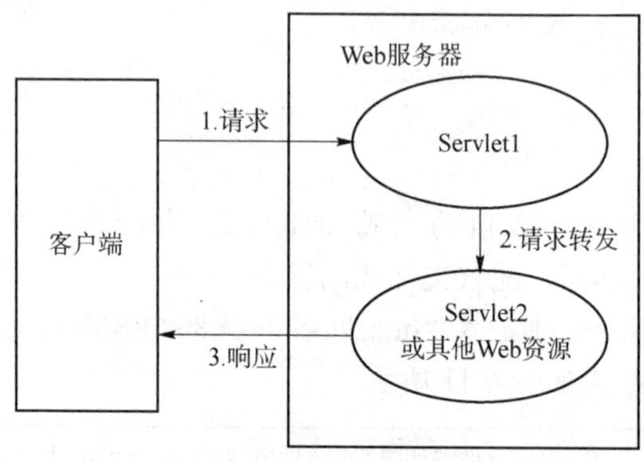

图 6-12　请求转发的工作原理

修改图书馆管理系统中的登录功能来实现请求转发的跳转方式，将LoginValidateServlet用来实现登录验证功能的代码修改如下。

程序 6-11：LoginValidateServlet.java

```
package servlet;
import java.io.*;
import javax.servlet.*;
import javax.servlet.http.*;
public class LoginValidateServlet extends HttpServlet {
   public void doGet(HttpServletRequest request,
```

```
        HttpServletResponse response) throws ServletException,IOException{
        this.doPost(request, response);
    }
    public void doPost(HttpServletRequest request,
        HttpServletResponse response) throws ServletException, IOException{
        response.setContentType("text/html;charset=gb18030");
        request.setCharacterEncoding("gb18030");
        String userid= request.getParameter("userid");
        String upwd=request.getParameter("upwd");
        if(userid.equals("admin")&&upwd.equals("admin")){
        RequestDispatcher redirect
            =request.getRequestDispatcher("LoginSuccessServlet");
          redirect.forward(request, response);
        }else{
        RequestDispatcher redirect
          =request.getRequestDispatcher("login.jsp ");
        redirect.forward(request, response);
        }
    }
}
```

打开 IE 浏览器，在地址栏中输入“http://localhost:8080/BMSProject/loginValidate Servlet”，在登录表单界面 login.jsp 中输入有效的账号和密码，单击“确定”按钮，登录成功界面如图 6-13 所示。

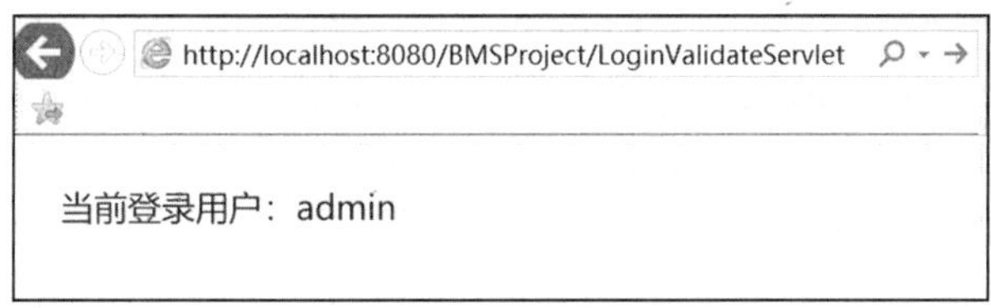

图 6-13　登录成功界面

程序运行结果中当前登录用户输出了admin的值，且路径中对应地址LoginValidateServlet，因此请求转发跳转方式的特点如下。

（1）请求转发是服务器端的行为，属于服务器内部的跳转。

（2）由于请求转发是服务器内部的跳转，因此请求转发是一个链式的，中间无论转发多少次，始终是同一个request请求对象，因此请求转发会共享同一个request请求对象，请求转发在多次跳转之间传输的request请求信息不会丢失。

（3）请求转发在多次跳转后，地址栏对应的是服务器第一个接收信息的地址。

（4）请求转发只能指向当前服务器中的资源，不可转发到其他应用程序中的资源。

（5）请求转发转向当前Web应用内的文件，所以转向的速度相对要快。

需要注意的是，除了请求转发外，还有请求包含功能，表示Servlet源组件把其他Servlet目标组件生成的响应结果包含到自身的响应结果中，通过ServletRequest响应对象的

getRequestDispatcher()方法得到RequestDispatcher对象，再使用RequestDispatcher对象的include()方法实现请求包含，方法定义如下：

```
RequestDispatcher getRequestDispatcher(String path)
void include(ServletRequest request,ServletResponse response)
    throws ServletException,IOException
```

6.9 Servlet 会话跟踪

HTTP 协议是一种无状态的协议，客户端每次打开一个 Web 页面，它就会与服务器建立一个新的连接，发送一个新的请求到服务器，服务器处理客户端的请求，返回响应到客户端，并关闭与客户端建立的连接。当客户端发起新的请求，那么它重新与服务器建立连接，因此服务器并不记录关于客户的任何信息。

对于 Web 应用而言，每个用户在使用浏览器与服务器进行会话的过程中，不可避免各自会产生一些数据，程序要想办法为每个用户保存这些数据，即服务器需要记录特定客户端与服务器之间的一系列请求响应之间的特定信息。在 Web 服务器来看，会话指客户打开浏览器开始到浏览器关闭过程中所发出的全部 HTTP 请求，记录会话信息的技术称为会话跟踪。

例如，图书馆管理系统中，需要记录管理员的信息，管理员可以在系统中完成图书管理、读者管理、借书、还书等功能。如果管理员每打开一个新的页面都需要重新登录确认身份，系统将无法正常运行。但是如果使用请求对象保存数据，是否能够跟踪管理员信息呢？需要注意的是，客户端请求 Web 服务器时，针对每次 HTTP 请求，服务器会创建 HttpServletRequest 对象，但是该对象只能保存本次请求所传递的数据。由于借书、还书等功能不属于同一个请求，因此在不同的操作中请求中的数据仍会丢失，所以使用请求对象跟踪信息是不可行的。

会话跟踪技术需要为每个客户分配唯一的标识符，通过标识符标识客户的会话信息。常见的会话跟踪技术有 4 种方式，即使用 Cookie、URL 重写、隐藏表单域和 HttpSession。

Cookie是一种客户端的会话技术，程序将会话过程中的数据以Cookie的形式保存到用户的浏览器中，当用户使用浏览器再去访问服务器中的Web资源时，就会携带着各自的数据，从而使浏览器和服务器可以更好地进行数据交互，以达到会话跟踪的目的。在Servlet API中提供了javax.servlet.http.Cookie类，该类中包含了生成Cookie信息和提取Cookie信息的属性和方法。

URL重写是在URL中携带参数，以达到用户请求信息跟踪的目的。URL参数信息是通过在URL地址后面增加参数名和参数值的方式进行信息记录，URL地址与记录信息的字符之间用“？”隔开，如果有多个参数，参数间用“&”隔开。URL重写以参数的形式附加到要请求页面的URL后面，会暴露一些敏感信息，可以通过response对象的encodeURL方法隐藏部分敏感信息。

隐藏表单域是一种最简单的会话跟踪方式，它将字段隐藏在HTML表单中，不在客户端显示，代码采用<input type="hidden">方式。在信息处理过程中，由于在页面中用隐藏域记录了相关信息，在完成一个连续请求的动作时，对于用户信息是不可见的，它非常适合不需要大量数据存储的会话应用。

HttpSession 是建立在 Cookie 和 URL 重写两种会话跟踪技术之上的，由 Servlet 自动实现了关于会话跟踪的一切，不再需要程序员了解具体细节。本书重点讲解 HttpSession 的会话跟踪方式。

任务 15：HttpSession 会话跟踪技术

1. Session 特性

Session是服务器端的一种会话跟踪技术，利用这个技术，服务器在运行时可以为每个用户的浏览器创建一个其独享的session对象，即默认情况下一个浏览器独占一个session对象。由于session为用户浏览器独享，所以用户在访问服务器的Web资源时，可以把各自的数据放在各自的session中，当用户再去访问服务器中的其他Web资源时，其他Web资源再从用户各自的session中取出数据为用户服务。

2. HttpSession 接口 API

为了封装 session 会话跟踪的信息，在 Servlet API 中提供了 javax.servlet.http.HttpSession 接口，该接口中包含了与 HttpSession 相关的属性和方法。

HttpSession是与每个请求对象紧密相关的，因此HttpServletRequest接口定义了用于获取HttpSession对象的getSession()方法，该方法具有两种重载形式，具体如下：

```
HttpSession getSession(boolean create)
HttpSession getSession()
```

getSession() 方法用于返回与当前请求相关的 HttpSession 对象。第一种方法 getSession(boolean create)根据传递的参数判断是否创建新的HttpSession对象，如果参数为true，则在相关的HttpSession对象不存在的情况下创建并返回新的HttpSession对象；否则不创建新的HttpSession对象，而是返回null。第二种方法getSession()相当于第一个方法中参数为true的情况，在相关的HttpSession对象不存在的情况下，总是创建新的HttpSession对象。

HttpSession接口常用的方法如表6-2所示。

表 6-2　HttpSession 接口常用的方法

方　　法	功能描述
void setAttribute(String name,Object value)	使用指定的名称 name，将 value 值绑定到会话对象
Object getAttribute(String name)	返回指定名称 name 对应的会话值
remove Attribute(String name)	删除指定名称 name 对应的会话信息
void setMaxInactiveInterval(int interval)	设置当前会话超时时间间隔
int getMaxInactiveInterval()	获得当前会话的最大时间间隔
long getCreationTime()	获取会话创建的时间
long getLastAccessedTime()	获取会话上一次访问时间
void invalidate()	会话无效，解除绑定到它的任何对象

3. HttpSession 基本编程步骤

（1）创建HttpSession对象。

```
HttpSession session=request.getSession();
```

（2）设置HttpSession对象。

```
session.setAttribute(String name,Object value);
```

（3）获取 HttpSession 对象。

```
Object value=session.getAttribute(String name);
```

（4）关闭 HttpSession 对象。

① session.invalidate()，使 HttpSession 失效。

② 执行 session.setMaxInactiveInterval(int interval)，超出该 HttpSession 的最大时间间隔。

③ 服务器卸载了当前 Web 应用。

在 6.8 节的程序 6-9 和程序 6-10 中，通过程序执行可以看出，使用重定向不能将用户信息进行跟踪，因此可以采用 HttpSession 方式进行程序设计，以达到只要浏览器不关闭用户信息能一直跟踪的效果。修改程序 6-9 和程序 6-10，代码如下。

程序 6-12：LoginValidateServlet.java

```
package servlet;
import java.io.*;
import javax.servlet.*;
import javax.servlet.http.*;
public class LoginValidateServlet extends HttpServlet {
    public void doGet(HttpServletRequest request,
        HttpServletResponse response) throws ServletException,IOException{
        this.doPost(request, response);
        }
    public void doPost(HttpServletRequest request,
        HttpServletResponse response) throws ServletException,IOException{
            response.setContentType("text/html;charset=gb18030");
            request.setCharacterEncoding("gb18030");
            String userid= request.getParameter("userid");
            String upwd=request.getParameter("upwd");
            HttpSession session=request.getSession();
            session.setAttribute("userid",userid);
            if(userid.equals("admin")&&upwd.equals("admin")){
            response.sendRedirect("LoginSuccessServlet");
        }else{
            response.sendRedirect("login.jsp");    }
    }
}
```

程序 6-13：LoginSuccessServlet.java

```
package servlet;
import java.io.*;
import javax.servlet.*;
import javax.servlet.http.*;
public class LoginSuccessServlet extends HttpServlet {
    public void doGet(HttpServletRequest request,
```

```
        HttpServletResponse response) throws ServletException,IOException{
        this.doPost(request, response);    }
    public void doPost(HttpServletRequest request,
    HttpServletResponse response) throws ServletException,IOException{
        response.setContentType("text/html;charset=gb18030");
        request.setCharacterEncoding("gb18030");
        PrintWriter out=response.getWriter();
        HttpSession session=request.getSession();
        String userid=(String)session.getAttribute("userid");
        out.print("当前登录用户："+userid);
    }
}
```

打开 IE 浏览器，在地址栏中输入“http://localhost:8080/BMSProject/loginSuccessServlet”，在登录表单界面 login.jsp 中输入有效的账号和密码，单击【确定】按钮，登录成功界面如图 6-14 所示。

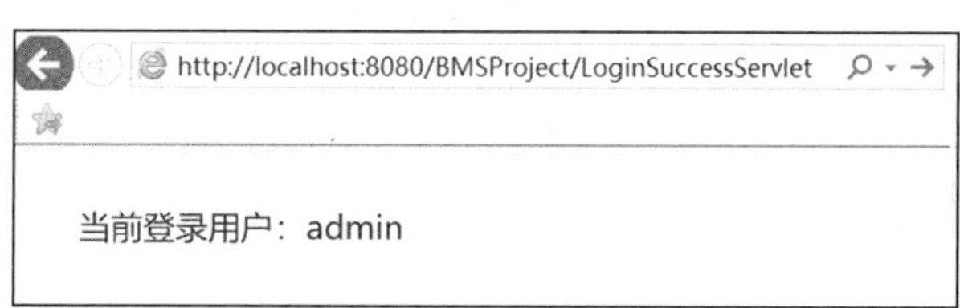

图 6-14　登录成功界面

需要注意的是，HttpSession 接口是允许 Servlet 查看和管理关于会话信息的，确保信息持续跨越多个用户连接，只要浏览器不关闭，信息能够持续跟踪。

6.10　ServletContext 上下文

ServletContext 接口是 Servlet 中最大的接口，称为 Servlet 上下文。它位于 javax.servlet 包中，定义为 public interface ServletContext。当服务器启动时，它会为每个 Web 应用程序（即 webapps 下的每个目录就是一个应用程序）创建一块共享的存储区域，应用程序内部的所有 Servlet 都共享这个对象，因此这个对象是全局唯一的，当服务器开始时就存在，服务器关闭时才释放。

任务 16：ServletContext 对象特性

ServletContext 对象可以通过以下 4 种方式获取。

（1）通过 GenericServlet 提供的 getServletContext()方法获取，可以在 Servlet 类中的 doGet()或 doPost()方法中使用编程语句：

```
ServletContext servletContext=this.getServletContext();
```

（2）通过 ServletConfig 提供的 getServletContext()方法获取：

```
ServletContext servletContext=this.getServletConfig().getServletContext();
```

（3）通过 HttpServletRequest 的 getServletContext()方法获取：

```
ServletContext servletContext=request.getServletContext();
```

（4）通过 HttpSession 的 getServletContext()方法获取：

```
ServletContext servletContext =reques.getSession().getServletContext();
```

ServletContext 接口提供的方法中，具有读取全局配置参数、获取当前应用程序目录下的资源文件、实现多个 Servlet 对象共享数据等功能。

由于一个 Web 应用中的所有 Servlet 共享同一个 ServletContext 对象，因此多个 Servlet 对象共享数据常用的方法如表 6-3 所示。

表 6-3　ServletContext 接口常用的方法

方　法	功能描述
void setAttribute(String name,Object value)	使用指定的名称 name 将 value 值绑定到上下文对象
Object getAttribute(String name)	返回指定名称 name 对应上下文对象的值
remove Attribute(String name)	删除指定名称 name 对应的上下文信息

6.11　Filter 过滤器

任务 17：Filter 概述

Filter称为过滤器，用于拦截请求和响应，以便查看、提取或操作客户机和服务器之间交换的数据，Filter是Servlet接受请求前的预处理器。Filter不同于Servlet，它不用于处理客户端的请求。Filter是Servlet 2.3规范中引入的新功能，在Servlet 2.4规范中得到增强，这是Servlet规范中的高级特性之一。Filter在Web应用中的运行过程如图6-15所示。

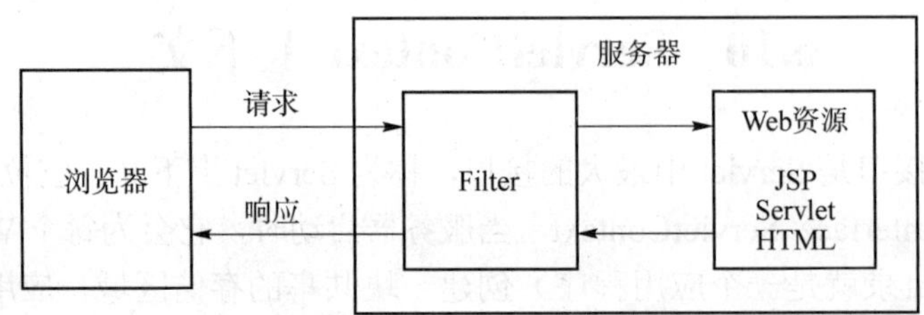

图 6-15　Filter 在 Web 应用中的运行过程

由图6-15可知，当浏览器访问服务器中的目标资源时，会被Filter拦截，在Filter中进行预处理操作，然后再将请求转发给目标资源。当服务器接收到这个请求后会对其进行响应，在服务器处理响应的过程中，也需要先将响应结果发送给过滤器，在过滤器中对响应结果进行处理后才会发送给客户端。需要注意的是，Filter与Web资源的关联需要由web.xml配置文件来描述。

在Web应用程序中，如果需要多个过滤器完成特定功能，可以为一个Web应用组件部署多个Filter，每个Filter程序都可以针对某个URL进行拦截，那么这些多个Filter就能够形成一个Filter链，每个Filter只执行某个特定的操作或者功能，Filter链中的Filter的先后执行顺序由web.xml中Filter映射的顺序决定。Filter链在Web应用中的运行过程如图6-16所示。

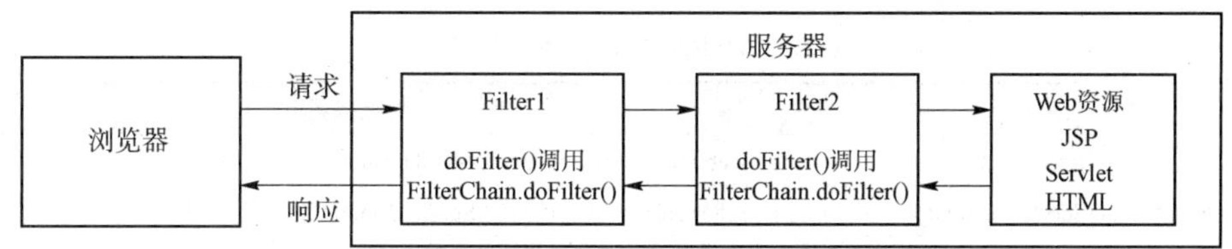

图 6-16　Filter 链在 Web 应用中的运行过程

由图6-16可知，当浏览器访问Web服务器中的资源时需要经过两个过滤器Filter1和Filter2，首先Filter1会对这个请求进行拦截，在Filter1中处理好请求后，通过调用Filter1的doFilter()方法将请求传递给Filter2，Filter2将用户请求处理后同样调用doFilter()方法，最终将请求发送给目标资源。当Web服务器对这个请求做出响应时，也会被Filter拦截，这个拦截顺序与之前相反，最终将响应结果发送给客户端。

Filter 主要应用在以下几个方面。

（1）字符编码过滤。

（2）实现 URL 级别的权限访问控制。

（3）过滤敏感词汇。

（4）自动登录。

（5）压缩响应信息等。

任务 18：Filter 编程接口

Filter就是一个实现了javax.servlet.Filter接口的类，在Filter接口中定义了3个方法，分别是init()、doFilter()和destory()，表示初始化、执行过滤功能和销毁，这3个方法也是Filter的生命周期。

init()方法在Web应用程序加载时调用，destroy()方法在Web应用程序卸载时调用，这两个方法都只会被调用一次，而doFilter()方法只要有客户端请求时就会被调用，并且Filter所有的核心工作都集中在doFilter()方法中。Filter接口中方法的功能描述如表6-4所示。

表 6-4　Filter 接口的方法功能描述

方　法	功能描述
void init(FilterConfig filterConfig) throws ServletException	init()方法用来初始化 Filter，加载时调用一次； FilterConfig 可读取 web.xml 文件中 Filter 的初始化参数
void doFilter(ServletRequest request, ServletResponse response, FilterChain chain) throws IOException,ServletException	doFilter()是 Filter 最核心的方法，每次用户发送请求或向客户端发送响应时都会调用该方法； ServletRequest 参数表示传递用户的请求对象，ServletResponse 参数表示传递对用户的响应对象，FilterChain 参数用于访问后续 Filter，实现 Filter 链，或者转交给目标程序处理
void destroy()	当 Filter 从内存中卸载时调用一次，释放资源

为了获取Filter程序在web.xml文件中的配置信息，Servlet API提供了一个FilterConfig接口，该接口封装了Filter程序在web.xml中的所有注册信息，并且提供了一系列获取这些配置信息的方法，FilterConfig接口的方法如表6-5所示。

表 6-5　FilterConfig 接口的方法

方　法	功能描述
String getFilterName()	返回 web.xml 中<filter-name>对应的 Filter 设置的名称
ServletContext getServletContext()	返回 FilterConfig 对象包装的 ServletContext 对象的引用
String getInitParameter(String name)	返回在 web.xml 中 Filter 设置的初始化参数的值
Enumeration<String> getInitParameterNames()	返回 Enumeration 集合对象，包含在 web.xml 中为当前 Filter 设置的所有初始化参数的名称

任务 19：Filter 配置

Filter 与 Web 资源的关联需要由 web.xml 配置文件来描述，因此实现 Filter 程序后，需要在 web.xml 中使用<filter>标记定义 Filter，使用<filter-mapping>标记设置 Filter 拦截资源映射的路径。Filter 配置文件如下：

```
<filter>
    <filter-name>过滤器名称</filter-name>
    <filter-class>类名</filter-class>
</filter>
<filter-mapping>
    <filter-name>过滤器名称</filter-name>
    <url-pattern>映射路径</url-pattern>
</filter-mapping>
```

Filter 的配置信息中包含多个元素，这些元素分别具有不同的作用，Filter 配置文件的描述如表 6-6 所示。

表 6-6　Filter 配置文件的描述

标　记	功能描述
<filter>	用于注册一个 Filter
<filter-name>	<filter>的子元素，用于设置 Filter 的名称
<filter-class>	<filter>的子元素，用于设置一个 Filter 所拦截的资源
<filter-mapping>	用于设置一个 Filter 所拦截的资源
<filter-name>	<filter-mapping>的子元素，必须与<filter>中的<filter-name>子元素中的 Filter 名称相同
<url-pattern>	<filter-mapping>的子元素，用于表示拦截 Web 资源的映射 URL 路径，如“/LoginServlet”表示拦截 LoginServlet 文件，还可以使用通配符“/*”表示拦截整个项目的文件，或者使用“*.do”，表示适用于所有以“.do”结尾的 Servlet 路径等

任务 20：实现中文编码的过滤器

在Web项目中，每个模块对应的功能都会涉及客户端与服务器的交互，在数据传输过程中，容易发生中文乱码的问题，那么可以在每个Servlet文件中增加请求端和响应端中文解码的语句。但是由于庞大的Servlet中都增加中文编码语句，无形中就增加了程序代码的数量，因此可以使用Filter，在请求端和客户端交互过程中，实现Web项目的中文编码问题。

图书馆管理系统中涉及大量的Servlet完成业务逻辑功能，为了节省程序代码量，中文编码Filter在该项目中的作用非常重要。

程序 6-14：EncodingFilter.java

```
package filter;
import java.io.IOException;
import javax.servlet.*;
public class EncodingFilter implements Filter {
  private String encode="iso8859-1";
  public void destroy() {
    encode=null;
  }
  public void doFilter(ServletRequest request, ServletResponse response,
    FilterChain chain) throws IOException, ServletException {
    request.setCharacterEncoding(encode);
    response.setContentType("text/html;charset="+encode);
    chain.doFilter(request,response);
  }
  public void init(FilterConfig config) throws ServletException {
    String s=config.getInitParameter("code");
      if(s!=null){
      encode=s;   }
    }
}
```

程序 6-15：web.xml

```
<?xml version="1.0" encoding="UTF-8"?>
<web-app>
<display-name>BMSProject</display-name>
<filter>
  <filter-name>EncodingFilter</filter-name>
    <filter-class>filter.EncodingFilter</filter-class>
    <init-param>
      <param-name>code</param-name>
      <param-value>gb18030</param-value>
    </init-param>
</filter>
<filter-mapping>
    <filter-name>EncodingFilter</filter-name>
    <url-pattern>/*</url-pattern>
</filter-mapping>
</web-app>
```

程序在web.xml中使用<init-param>元素定义了当前Filter的参数，通过子元素<param-name>定义了参数的名称为code，<param-value>定义了参数的值为gb18030，在EncodingFilter类中，可以使用FilterConfig对象的getInitParameter("code")得到参数值。

此外，还可以在web.xml中定义全局性参数，表示当前Web应用都可引用该参数，定义方式是在<web-app>元素中使用子元素<context-param>设置，使用方式如下：

```
<context-param>
    <param-name>code</param-name>
    <param-value>gb18030</param-value>
</context-param>
```

在Filter中可以使用以下语句获取全局性参数的值：

```
ServletContext context=config.getServletContext();
String s=context.getInitParameter("code");
```

6.12 项 目 功 能

在图书馆管理系统中，使用 Servlet 控制器中根据项目需求完成用户请求信息的获取、数据封装、会话跟踪和跳转等功能。

用户登录的控制器用于完成登录功能，文件说明如表 6-7 所示。

表 6-7 用户登录的控制器文件说明

包 名	文件名	说 明
servlet	LoginServlet.java	用户登录的控制器

图书类型的控制器主要完成图书类型的全部查询、添加、删除和修改功能，文件说明如表 6-8 所示。

表 6-8 图书类型的控制器文件说明

包 名	文件名	说 明
servlet	BookTypeQueryAllServlet.java	图书类型查询全部的控制器
	BookTypeAddServlet.java	图书类型添加的控制器
	BookTypeDeleteServlet.java	图书类型删除的控制器
	BookTypeFindByIdServlet.java	根据图书类型编号查询图书类型的控制器
	BookTypeUpdateServlet.java	图书类型修改的控制器

图书信息的控制器主要完成图书信息的全部查询、添加、删除和修改功能，文件说明如表 6-9 所示。

表 6-9 图书信息的控制器文件说明

包 名	文件名	说 明
servlet	BookInfoQueryAllServlet.java	图书信息查询全部的控制器
	BookInfoAddServlet.java	图书信息添加的控制器
	BookInfoDeleteServlet.java	图书信息删除的控制器
	BookInfoFindByIdServlet.java	根据图书编号查询图书信息的控制器
	BookInfoUpdateServlet.java	图书信息修改的控制器

读者类型的控制器类主要完成读者类型的全部查询、添加和删除功能，文件说明如表 6-10所示。

表 6-10　读者类型的控制器文件说明

包　名	文件名	说　明
servlet	ReaderTypeQueryAllServlet.java	读者类型查询全部的控制器
	ReaderTypeAddServlet.java	读者类型添加的控制器
	ReaderTypeDeleteServlet.java	读者类型删除的控制器

读者信息的控制器类主要完成读者信息的全部查询、添加和删除功能。读者信息的控制器文件说明如表6-11所示。

表 6-11　读者信息的控制器文件说明

包　名	文件名	说　明
servlet	ReaderInfoQueryAllServlet.java	读者信息查询全部的控制器
	ReaderInfoAddServlet.java	读者信息添加的控制器
	ReaderInfoDeleteServlet.java	读者信息删除的控制器

图书借还的控制器主要完成图书借阅、续借和归还功能，文件说明如表6-12所示。

表 6-12　图书借还的控制器文件说明

包　名	文件名	说　明
servlet	BorrowServlet.java	图书借阅的控制器
	BorrowRenewServlet.java	图书续借的控制器
	BorrowBackServlet.java	图书归还的控制器

任务 21：用户登录的控制器

用户登录的控制器类，主要获取 login.jsp 登录界面信息，将获取信息使用实体类进行封装，方便通过参数方式向数据库传递信息，并使用 HttpSesssion 会话跟踪，防止信息丢失，最后执行请求转发或重定向的跳转功能，以进行程序流程的调度。

程序 6-16：LoginServlet.java

```
package servlet;
import java.io.*;
import javax.servlet.*;
import javax.servlet.http.*;
import model.*;
public class LoginServlet extends HttpServlet {
  public void doPost(HttpServletRequest request,
    HttpServletResponse response) throws ServletException,IOException{
    this.doGet(request, response);   }
  public void doGet(HttpServletRequest request,
    HttpServletResponse response) throws ServletException,IOException{
    int userid= Integer.parseInt(request.getParameter("userid"));
```

```
            String upwd=request.getParameter("upwd");
            Users users=new Users();
            users.setUserid(userid);
            users.setUpwd(upwd);
            //执行数据库操作——登录
            request.getSession().setAttribute("uname",users.getUname());
            request.getSession().setAttribute("limit",users.getLimit());
            request.getSession().setAttribute("userid",users.getUserid())
            request.getRequestDispatcher("main.jsp").forward(request, response); }
    }
```

任务 22：图书类型的控制器

1. 图书类型查询全部的控制器

图书类型查询全部的控制器 BookTypeQueryAllServlet 主要功能是获取数据库中表 BookType 的信息，并将信息传递给视图层，方便在界面中显示查询效果。因此，在控制器类的文件中执行数据库查询操作后，将查询后的数据使用 HttpSession 会话跟踪，并通过请求转发或重定向跳转，将信息传递到视图层显示即可。

程序 6-17：BookTypeQueryAllServlet.java

```
package servlet;
import java.io.*;
import javax.servlet.*;
import javax.servlet.http.*;
import model.*;
public class BookTypeQueryAllServlet extends HttpServlet {
  public void doGet(HttpServletRequest request,
    HttpServletResponse response) throws ServletException,IOException{
    this.doPost(request, response);   }
  public void doPost(HttpServletRequest request,
    HttpServletResponse response) throws ServletException,IOException{
    BookType bookType = new BookType();
    //执行数据库操作——查询全部图书类型
    List<BookType> allbooktype=new ArrayList<BookType>();
    request.getSession().setAttribute("allbooktype",allbooktype );
    request.getRequestDispatcher("booktype_queryall.jsp")
          .forward(request, response);    }
    }
```

2. 图书类型添加的控制器

图书类型添加的控制器 BookTypeAddServlet 主要功能是获取图书类型添加界面信息，将

获取信息使用实体类进行封装，方便通过参数方式向数据库的表 BookType 传递信息，并使用 HttpSesssion 会话跟踪，防止信息丢失，最后执行请求转发或重定向的跳转功能，以进行程序流程的调度。

程序 6-18：BookTypeAddServlet.java

```
package servlet;
import java.io.*;
import javax.servlet.*;
import javax.servlet.http.*;
import model.*;
public class BookTypeAddServlet extends HttpServlet {
  public void doGet(HttpServletRequest request,
    HttpServletResponse response) throws ServletException,IOException{
    this.doPost(request, response);   }
  public void doPost(HttpServletRequest request,
    HttpServletResponse response) throws ServletException,IOException{
    BookType booktype = new BookType();
    int booktypeid= Integer.parseInt(request.getParameter("booktypeid"));
    String booktypename= request.getParameter("booktypename");
    booktype.setBooktypeid(booktypeid);
    booktype.setBooktypename(booktypename);
    //执行数据库操作——添加图书类型
    request.getSession().setAttribute(booktype);
    request.getRequestDispatcher("BookTypeQueryAllServlet")
        .forward(request, response);   }
}
```

3. 图书类型删除的控制器

图书类型删除的控制器 BookTypeDeleteServlet 主要是根据删除链接标记中的信息，通过数据库删除语句，完成程序功能。因此，在该 Servlet 中，首先获取删除链接中参数的信息，执行数据库操作，最后执行请求转发或重定向的跳转功能，完成系统功能。

程序 6-19：BookTypeDeleteServlet.java

```
package servlet;
import java.io.*;
import javax.servlet.*;
import javax.servlet.http.*;
import model.*;
public class BookTypeDeleteServlet extends HttpServlet {
  public void doGet(HttpServletRequest request,
    HttpServletResponse response) throws ServletException,IOException{
    this.doPost(request, response);   }
```

```
    public void doPost(HttpServletRequest request,
        HttpServletResponse response) throws ServletException,IOException{
        int booktypeid =Integer.parseInt(request.getParameter("booktypeid"));
        //执行数据库操作——删除图书类型
        request.getRequestDispatcher("BookTypeQueryAllServlet")
                .forward(request, response);    }
}
```

4. 图书类型修改的控制器

图书类型修改分为两部分完成，首先在根据图书类型编号查询图书类型的控制器BookTypeFindByIdServlet中获取修改链接中的参数，用于查询当前id对应的图书类型信息，并将查询出的信息设置到会话中，执行跳转功能，将信息写入修改界面，即可在图书类型修改界面中进行数据修改。然后通过修改图书类型信息的控制器BookTypeUpdateServlet获取修改后数据信息，将数据封装到实体类，通过数据库操作完成数据更新，通过重定向或请求转发语句，完成系统功能。

（1）根据图书编号查询图书类型的控制器。

程序6-20：BookTypeFindByIdServlet.java

```
package servlet;
import java.io.*;
import javax.servlet.*;
import javax.servlet.http.*;
import model.*;
public class BookTypeFindByIdServlet extends HttpServlet {
    public void doGet(HttpServletRequest request,
        HttpServletResponse response) throws ServletException,IOException{
        this.doPost(request, response);    }
    public void doPost(HttpServletRequest request,
        HttpServletResponse response) throws ServletException,IOException{
        int booktypeid=Integer.parseInt(request.getParameter("booktypeid"));
        //执行数据库操作——根据图书类型编号查询图书类型信息
        BookType booktype=new BookType();
        request.getSession().setAttribute("booktype", booktype);
        request.getRequestDispatcher("booktype_update.jsp")
                .forward(request, response);        }
}
```

（2）图书类型修改的控制器

程序6-21：BookTypeUpdateServlet.java

```
package servlet;
import java.io.*;
import javax.servlet.*;
```

```
import javax.servlet.http.*;
import model.*;
public class BookTypeUpdateServlet extends HttpServlet {
  public void doGet(HttpServletRequest request,
    HttpServletResponse response) throws ServletException,IOException{
    this.doPost(request, response);   }
  public void doPost(HttpServletRequest request,
    HttpServletResponse response) throws ServletException,IOException{
    int booktypeid= Integer.parseInt(request.getParameter("booktypeid"));
    String booktypename=request.getParameter("booktypename");
    BookType booktype = new BookType();
    booktype.setBooktypeid(bookid);
    booktype.setBooktypename(bookname);
    //执行数据库操作——修改图书类型
    request.getRequestDispatcher("BookTypeQueryAllServlet")
            .forward(request, response);    }
}
```

任务 23：图书信息的控制器

1. 图书信息查询全部的控制器

图书信息查询全部的控制器 BookInfoQueryAllServlet 主要功能是获取数据库中表 BookInfo 的信息，并将信息传递给视图层，方便在界面中显示查询效果。因此，在控制器类的文件中执行数据库查询操作后，将查询后的数据使用 HttpSession 会话跟踪，并通过请求转发或重定向跳转，将信息传递到视图层显示即可。

程序 6-22：BookInfoQueryAllServlet.java

```
package servlet;
import java.io.*;
import javax.servlet.*;
import javax.servlet.http.*;
import model.*;
public class BookInfoQueryAllServlet extends HttpServlet {
  public void doGet(HttpServletRequest request,
    HttpServletResponse response) throws ServletException,IOException{
    this.doPost(request, response);   }
  public void doPost(HttpServletRequest request,
    HttpServletResponse response) throws ServletException,IOException{
    BookInfo bookInfo=new BookInfo();
    BookType booktype=new BookType();
```

```
//执行数据库操作——查询全部图书信息
//执行数据库操作——查询全部图书类型
List<BookInfo> allbookinfo = new ArrayList<BookInfo>();
List<BookIType> allbooktype= new ArrayList<BookType>();
  request.getSession().setAttribute("allbookinfo",allbookinfo);
  request.getSession().setAttribute("allbooktype", allbooktype);
  request.getRequestDispatcher("bookinfo_queryall.jsp")
        .forward(request, response);   }
}
```

2. 图书信息添加的控制器

图书信息添加的控制器 BookInfoAddServlet 主要功能是获取图书信息、添加界面信息，将获取信息使用实体类进行封装，方便通过参数方式向数据库中表 BookInfo 传递信息，并使用 HttpSesssion 会话跟踪，防止信息丢失，最后执行请求转发或重定向的跳转功能，以进行程序流程的调度。

程序 6-23：BookInfoAddServlet.java

```
package servlet;
import java.io.*;
import javax.servlet.*;
import javax.servlet.http.*;
import model.*;
public class BookInfoAddServlet extends HttpServlet {
  public void doPost(HttpServletRequest request,
    HttpServletResponse response) throws ServletException,IOException{
    this.doGet(request, response);   }
  public void doGet(HttpServletRequest request,
    HttpServletResponse response) throws ServletException,IOException{
    BookInfo bookinfo = new BookInfo();
    int bookid= Integer.parseInt(request.getParameter("bookid"));
    String bookname=request.getParameter("bookname")
    String author= request.getParameter("author");
    String casename=request.getParameter("casename");
    String isbn=request.getParameter("isbn");
    int nownumber=Integer.parseInt(request.getParameter("nownumber"));
    String booktypename=request.getParameter("booktypename");
    double price=Double.parseDouble(request.getParameter("price"))
    bookinfo.setBookid(bookid);
    bookinfo.setBookname(bookname);
    bookinfo.setBooktypeid(booktypeid);
    bookinfo.setAuthor(author);
```

```
        bookinfo.setCasename(casename);
        bookinfo.setIsbn(isbn);
        bookinfo.setNownumber(nownumber);
        bookinfo.setBooktypename(booktypename);
        bookinfo.setPrice(price);
        bookinfo.setPubname(request.getParameter("pubname"));
        bookinfo.setTotal(Integer.parseInt(request.getParameter("total")));
        //执行数据库操作——添加图书信息
        request.getSession().setAttribute(bookinfo);
        request.getRequestDispatcher("BookInfoQueryAllServlet")
              .forward(request,response);   }
}
```

3. 图书信息删除的控制器

图书信息删除的控制器 BookInfoDeleteServlet 主要是根据删除链接标记中的信息，通过数据库删除语句完成程序功能。因此，在该 Servlet 中，首先获取删除链接中参数的信息，执行数据库操作，最后执行请求转发或重定向的跳转功能，完成系统功能。

程序 6-24：BookInfoDeleteServlet.java

```
package servlet;
import java.io.*;
import javax.servlet.*;
import javax.servlet.http.*;
import model.*;
public class BookTypeDeleteServlet extends HttpServlet {
  public void doGet(HttpServletRequest request,
    HttpServletResponse response) throws ServletException,IOException{
    this.doPost(request, response);   }
  public void doPost(HttpServletRequest request,
  HttpServletResponse response) throws ServletException,IOException{
    int bookid= Integer.parseInt(request.getParameter("bookid"));
    //执行数据库操作——删除图书信息
    request.getRequestDispatcher("BookInfoQueryAllServlet")
          .forward(request,response);    }
}
```

4. 图书信息修改的控制器

图书信息修改分为两部分完成，首先根据图书编号查询图书信息的控制器 BookInfoFindByIdServlet，获取修改链接中的参数，用于查询当前图书编号对应的图书信息，并将查询出的信息设置到会话中，执行跳转功能，将信息写入修改界面，即可在图书信息修改界面中进行数据修改；然后通过修改图书信息的控制器 BookInfoUpdateServlet 获取修改后的数据信息，将数据封装到实体类，通过数据库完成数据更新操作，通过重定向或请求转发语句，完成系统功能。

（1）根据图书编号查询图书信息的控制器。

程序 6-25：BookInfoFindByIdServlet.java

```
package servlet;
import java.io.*;
import javax.servlet.*;
import javax.servlet.http.*;
import model.*;
public class BookInfoFindByIdServlet extends HttpServlet {
  public void doGet(HttpServletRequest request,
    HttpServletResponse response) throws ServletException,IOException{
    this.doPost(request, response);   }
  public void doPost(HttpServletRequest request,
    HttpServletResponse response) throws ServletException,IOException{
    int bookid= Integer.parseInt(request.getParameter("bookid"));
    //执行数据库操作——根据图书编号查询图书信息
    BookInfo bookinfo=new BookInfo();
    request.getSession().setAttribute("bookinfo",bookinfo);
    String booktypename= request.getParameter("booktypename").;
    String casename=new request.getParameter("casename");
    String pubname=new request.getParameter("pubname");
    request.getSession().setAttribute("booktypename",booktypename);
    request.getSession().setAttribute("casename",casename);
    request.getSession().setAttribute("pubname",pubname);
    request.getRequestDispatcher("bookinfo_update.jsp")
        .forward(request,response);   }
}
```

（2）图书信息修改的控制器。

程序 6-26：BookInfoUpdateServlet.java

```
package servlet;
import java.io.*;
import javax.servlet.*;
import javax.servlet.http.*;
import model.*;
public class BookInfoUpdateServlet extends HttpServlet {
  public void doGet(HttpServletRequest request,
    HttpServletResponse response) throws ServletException,IOException{
    this.doPost(request, response);   }
  public void doGet(HttpServletRequest request,
```

```
        HttpServletResponse response) throws ServletException,IOException{
        BookInfo bookinfo = new BookInfo();
        bookinfo.setBookid(Integer.parseInt(request.getParameter("bookid")));
        bookinfo.setAuthor(request.getParameter("author"));
        bookinfo.setBookname(request.getParameter("bookname"));
        bookinfo.setBooktypename(request.getParameter("booktypename"));
        bookinfo.setCasename(request.getParameter("casename"));
        bookinfo.setIsbn(request.getParameter("isbn"));
        bookinfo.setNownumber(Integer.parseInt(
                request.getParameter("nownumber")));
        bookinfo.setPrice(Double.parseDouble(
                request.getParameter("price")));
        bookinfo.setPubname(request.getParameter("pubname"));
        bookinfo.setTotal(Integer.parseInt(request.getParameter("total")));
        //执行数据库操作——修改图书信息
        request.getRequestDispatcher("BookInfoQueryAllServlet")
                .forward(request,response);   }
}
```

任务 24：读者类型的控制器

1. 读者类型查询全部的控制器

读者类型查询全部的控制器 ReaderTypeQueryAllServlet 主要功能是获取数据库中表 ReaderType 的信息，并将信息传递给视图层，方便在界面中显示查询效果。因此，在控制器类的文件中执行数据库查询操作后，将查询后的数据使用 HttpSession 会话跟踪，并通过请求转发或重定向跳转，将信息传递到视图层显示即可。

程序 6-27：ReaderTypeQueryAllServlet.java

```
package servlet;
import java.io.*;
import javax.servlet.*;
import javax.servlet.http.*;
import model.*;
public class ReaderTypeQueryAllServlet extends HttpServlet {
  public void doGet(HttpServletRequest request,
    HttpServletResponse response) throws ServletException,IOException{
    this.doPost(request, response);   }
  public void doPost(HttpServletRequest request,
    HttpServletResponse response) throws ServletException,IOException{
    //执行数据库操作——查询全部读者类型
```

```
        List<ReaderType> allreadertype = new ArrayList<ReaderType>();
        request.getSession().setAttribute("allreadertype",allreadertype);
        request.getRequestDispatcher("readertype_queryall.jsp")
                .forward(request, response);    }
}
```

2. 读者类型添加的控制器

读者类型添加的控制器 ReaderTypeAddServlet 主要功能是获取读者类型添加界面信息，将获取信息使用实体类进行封装，方便通过参数方式向数据库传递信息，并使用 HttpSesssion 会话跟踪，防止信息丢失，最后执行请求转发或重定向的跳转功能，以进行程序流程的调度。

程序 6-28：ReaderTypeAddServlet.java

```
package servlet;
import java.io.*;
import javax.servlet.*;
import javax.servlet.http.*;
import model.*;
public class ReaderTypeAddServlet extends HttpServlet {
    public void doGet(HttpServletRequest request,
        HttpServletResponse response) throws ServletException,IOException{
        this.doPost(request, response);    }
    public void doPost(HttpServletRequest request,
        HttpServletResponse response) throws ServletException,IOException{
            ReaderType readertype = new ReaderType();
            readertype.setReadertypeid(Integer.parseInt(
                    request.getParameter("readertypeid")));
            readertype.setReadertypename(
                    request.getParameter("readertypename"));
            readertype.setNumber(Integer.parseInt(
                    request.getParameter("number")));
            //执行数据库操作——添加读者类型
                request.getSession().setAttribute("readertype", readertype);
                request.getRequestDispatcher("ReaderTypeQueryAllServlet")
                        .forward(request,response);    }
}
```

3. 读者类型删除的控制器

读者类型删除的控制器 ReaderTypeDeleteServlet 主要是根据删除链接标记中的信息，通过数据库删除语句，完成程序功能。因此，在该 Servlet 中，首先获取删除链接中参数的信息，执行数据库操作，最后执行请求转发或重定向的跳转功能，完成系统功能。

程序 6-29：ReaderTypeDeleteServlet.java

```
package servlet;
import java.io.*;
import javax.servlet.*;
import javax.servlet.http.*;
import model.*;
public class ReaderTypeDeleteServlet extends HttpServlet {
  public void doGet(HttpServletRequest request,
    HttpServletResponse response) throws ServletException,IOException{
    this.doPost(request, response);    }
  public void doPost(HttpServletRequest request,
    HttpServletResponse response) throws ServletException,IOException{
    int readertypeid=Integer.parseInt(request.getParameter("readertypeid"));
    //执行数据库操作——删除读者类型
    request.getSession().setAttribute("readertypeid",readertypeid);
    request.getRequestDispatcher("ReaderTypeQueryAllServlet")
          .forward(request,response);    }
}
```

任务 25：读者信息的控制器

1. 查询全部读者信息的控制器

读者信息查询全部的控制器 ReaderInfoQueryAllServlet 主要功能是获取数据库中表 ReaderInfo 的信息，并将信息传递给视图层，方便在界面中显示查询效果。因此，在控制器类的文件中执行数据库查询操作后，将查询后的数据使用 HttpSession 会话跟踪，并通过请求转发或重定向跳转，将信息传递到视图层显示即可。

程序 6-30：ReaderInfoQueryAllServlet.java

```
package servlet;
import java.io.*;
import javax.servlet.*;
import javax.servlet.http.*;
import model.*;
public class ReaderInfoQueryAllServlet extends HttpServlet {
  public void doGet(HttpServletRequest request,
    HttpServletResponse response) throws ServletException,IOException{
    this.doPost(request, response);    }
  public void doPost(HttpServletRequest request,
    HttpServletResponse response) throws ServletException,IOException{
    //执行数据库操作——查询全部读者信息
```

```
        //执行数据库操作——查询全部读者类型
        List<ReaderInfo> allreaderinfo =new ArrayList<ReaderInfo>();
        List<ReaderType> allreadertype =new ArrayList<ReaderType>();
        request.getSession().setAttribute("allreaderinfo", allreaderinfo);
        request.getSession().setAttribute("allreadertype", allreadertype);
        request.getRequestDispatcher("readerinfo_queryall.jsp")
                .forward(request, response);    }
}
```

2. 读者信息添加的控制器

读者信息添加的控制器 ReaderInfoAddServlet 主要功能是获取读者信息添加界面信息，将获取信息使用实体类进行封装，方便通过参数方式向数据库传递信息，并使用 HttpSesssion 会话跟踪，防止信息丢失，最后执行请求转发或重定向的跳转功能，以进行程序流程的调度。

程序 6-31：ReaderInfoAddServlet.java

```
package servlet;
import java.io.*;
import javax.servlet.*;
import javax.servlet.http.*;
import model.*;
public class ReaderInfoAddServlet extends HttpServlet {
    public void doGet(HttpServletRequest request,
        HttpServletResponse response) throws ServletException,IOException{
        this.doPost(request, response);     }
    public void doPost(HttpServletRequest request,
        HttpServletResponse response) throws ServletException,IOException{
        ReaderInfo readerinfo = new ReaderInfo();
        readerinfo.setReaderid(Integer.parseInt(
            request.getParameter("readerid")));
        readerinfo.setReadername(request.getParameter("readername"));
        readerinfo.setIdcard(request.getParameter("idcard"));
        readerinfo.setReadertypename(
            request.getParameter("readertypename")));
        //执行数据库操作——添加读者信息
        request.getSession().setAttribute("readerinfo",readerinfo);
        request.getRequestDispatcher("ReaderInfoQueryAllServlet")
                .forward(request,response);    }
}
```

3. 读者信息删除的控制器

读者信息删除的控制器 ReaderInfoDeleteServlet 主要是根据删除链接标记中的信息，通过

数据库删除语句，完成程序功能。因此，在该 Servlet 中，首先获取删除链接中参数的信息，执行数据库操作，最后执行请求转发或重定向的跳转功能，完成系统功能。

程序 6-32：ReaderInfoDeleteServlet.java

```
package servlet;
import java.io.*;
import javax.servlet.*;
import javax.servlet.http.*;
import model.*;
public class ReaderInfoDeleteServlet extends HttpServlet {
   public void doGet(HttpServletRequest request,
      HttpServletResponse response) throws ServletException,IOException{
      this.doPost(request, response);   }
public void doPost(HttpServletRequest request,
   HttpServletResponse response) throws ServletException,IOException{
   int readerid= Integer.parseInt(request.getParameter("readerid"));
   //执行数据库操作——删除读者信息
   request.getSession().setAttribute("readerid", readerid);
   request.getRequestDispatcher("ReaderInfoQueryAllServlet")
            .forward(request,response);   }
}
```

任务 26：图书借还的控制器

1. 图书借阅的控制器

图书借阅的控制器BorrowServlet主要功能是通过读者编号readerid获得读者信息，然后插入借阅图书信息，最后根据读者编号和借阅图书信息查询结果显示到视图层。

程序 6-33：BorrowServlet.java

```
package servlet;
import java.io.*;
import javax.servlet.*;
import javax.servlet.http.*;
import model.*;
public class BorrowServlet extends HttpServlet {
   public void doGet(HttpServletRequest request,
      HttpServletResponse response) throws ServletException,IOException{
      this.doPost(request, response);   }
   public void doPost(HttpServletRequest request,
      HttpServletResponse response) throws ServletException,IOException{
      ReaderInfo readerinfo = new ReaderInfo();
```

```
        BorrowInfo borrowinfo = new BorrowInfo();
        int readerid = Integer.parseInt(request.getParameter("readerid"));
        //执行数据库操作——根据读者编号查询读者信息
        List<ReaderInfo> allreaderinfo =new ArrayList<ReaderInfo>();
        request.getSession().setAttribute("allreaderinfo",allreaderinfo);
        int bookid=Integer.parseInt(request.getParameter("bookid"));
        borrowinfo.setBookid(bookid);
        borrowinfo.setReaderid(readerid);
        SimpleDateFormat format= new SimpleDateFormat("yyyy-MM-dd");
        borrowinfo.setBorrowdate(format.format(new Date()));
        //执行数据库操作——图书借阅
        //执行数据库操作——查询借阅且未归还图书
        List<BorrowInfo> allborrowinfo=new ArrayList<BorrowInfo>();
        request.getSession().setAttribute("allborrowinfo", allborrowinfo);
        request.getRequestDispatcher("book_borrow.jsp")
                .forward(request, response);    }
}
```

2. 图书续借的控制器

图书续借的控制器BorrowRenewServlet主要功能是通过读者编号readerid获得读者信息，然后根据图书续借条件查询满足续借图书的信息，最后完成续借功能。

程序 6-34：BorrowRenewServlet.java

```
package servlet;
import java.io.*;
import javax.servlet.*;
import javax.servlet.http.*;
import model.*;
public classBorrowRenewServlet extends HttpServlet {
   public void doGet(HttpServletRequest request,
      HttpServletResponse response) throws ServletException,IOException{
      this.doPost(request, response);     }
public void doPost(HttpServletRequest request,
   HttpServletResponse response) throws ServletException,IOException{
   ReaderInfo readerinfo= new ReaderInfo();
   int readerid = Integer.parseInt(request.getParameter("readerid"));
   //执行数据库操作——根据读者编号查询读者信息
   List<ReaderInfo> allreaderinfo =new ArrayList<ReaderInfo>();
   request.getSession().setAttribute("allreaderinfo", allreaderinfo);
   //执行数据库操作——图书续借条件查询
   BorrowInfo borrowinfo = new BorrowInfo();
```

```
borrowinfo.setId(Integer.parseInt(request.getParameter("id")));
borrowinfo.setBookid(Integer.parseInt(request.getParameter("bookid")));
SimpleDateFormat df = new SimpleDateFormat("yyyy-MM-dd");
String borrowdate= df.format(new Date());
borrowinfo.setReturndate(borrowdate);
List<BorrowInfo> allborrowinfo=new ArrayList<BorrowInfo>();
//执行数据库操作——图书续借
request.getSession().setAttribute("borrowinfo", borrowinfo);
request.getSession().setAttribute("allrorrowinfo", allborrowinfo);
request.getRequestDispatcher("book_renew.jsp")
        .forward(request, response);    }
}
```

3. 图书归还的控制器

图书归还的控制器BorrowBackServlet主要功能是通过读者编号readerid获得读者信息，然后查询借阅且未归还图书，并使用图书归还功能更新数据库，最终完成图书归还功能。

程序 6-35：BorrowBackServlet.java

```
package servlet;
import java.io.*;
import javax.servlet.*;
import javax.servlet.http.*;
import model.*;
public classBorrowBackServlet extends HttpServlet {
  public void doGet(HttpServletRequest request,
    HttpServletResponse response) throws ServletException,IOException{
    this.doPost(request, response);   }
public void doPost(HttpServletRequest request,
  HttpServletResponse response) throws ServletException,IOException{
  ReaderInfo readerinfo= new ReaderInfo();
  BorrowInfo borrowinfo = new BorrowInfo();
  int readerid = Integer.parseInt(request.getParameter("readerid"));
  //执行数据库操作——根据读者编号查询读者信息
  List<ReaderInfo> allreaderinfo = new ArrayList<ReaderInfo>();
  request.getSession().setAttribute("allreaderinfo", allreaderinfo);
  borrowinfo.setId(Integer.parseInt(request.getParameter("id")));
  borrowinfo.setBookid(Integer.parseInt(request.getParameter("bookid")));
  //执行数据库操作——查询借阅且未归还图书
  List<BorrowInfo> borrowinfo=new ArrayList<Borrowinfo>();
  request.getSession().setAttribute("allborrowinfo", allborrowinfo);
  SimpleDateFormat df = new SimpleDateFormat("yyyy-MM-dd");
```

```
        String returndate=df.format(new Date());
        borrowinfo.setReturndate(returndate);
        //执行数据库操作——图书归还
        request.getRequestDispatcher("book_renew.jsp")
                .forward(request, response);    }
    }
```

6.13 项目小结

本项目重点讲解了 Servlet 的基本知识，Servlet 作为 JavaEE 三大组件之一，在 JavaEE 编程开发中具有重要地位。本项目讲解了 Servlet 的基本概念，它是一个运行在服务器端的 Java 程序，用于扩展服务器的功能。Servlet 工作原理是通过客户端与服务器的交互，完成信息传递，且客户端与 Servlet 间没有直接的交互，从而提高 Servlet 组件的可移植性。由于目前的 Web 应用大都是通过 HTTP 协议和客户端进行交互，本项目主要讲解了 HttpServlet 类对应的编程接口和编程步骤，以及在 web.xml 配置 Servlet 的过程，并且通过编程方式和 Servlet 的工作原理，可以总结出 Servlet 的生命周期。根据 Servlet 的基本知识，深入讲解了使用 Servlet 获取用户请求信息的编程方式、Servlet 跳转方式、Servlet 会话跟踪方式以及 Servlet 的高级技术 Filter，通过经典的中文编码 Filter 的程序使读者深入理解 Filter 的应用方式。通过项目功能中控制器的学习，为后续 MVC 设计模式中控制层功能的学习奠定良好的基础。

项目 7 数据层技术——JDBC

项目描述 

数据库是指存储在计算机内的，有组织和可共享的数据集合。在 Java Web 开发的动态网站中，信息交互的功能都是基于数据库实现数据操作的，因此 SUN 公司于 1996 年提供了一套访问数据库标准的 JDBC 类库，它描述了访问关系型数据库的 Java 类库，以此完成对数据基本操作的支持。本项目将针对 JDBC 技术的相关知识进行详细的讲解。

7.1　学习任务与技能目标

1. 学习任务

（1）JDBC 基本概念。
（2）JDBC 操作数据库。

2. 技能目标

（1）了解 JDBC 基本概念和作用。
（2）掌握 JDBC 操作数据的方式。

7.2　JDBC 基本特性

任务 1：JDBC 基本概念

JDBC（Java DataBase Connectivity）是应用编程接口，全称为Java数据库连接，它是一种用于执行SQL语句的Java API，由一组用Java语言编写的类和接口组成。JDBC提供了一种标准，应用程序可以通过JDBC API连接到关系型数据库，并使用SQL语句来完成对数据库中数据的操作，使数据库开发人员能够方便、简单地编写数据库相关的应用程序。

不同类型的关系型数据库处理数据的方式是不同的，JDBC为不同类型的关系型数据库提供了统一的访问方式。应用程序使用JDBC访问数据库时，JDBC并不能直接访问数据库，它必须依赖于数据库厂商提供的JDBC驱动程序才能完成，所以用户不直接与底层数据库交互，使得代码的通用性更强。

任务 2：JDBC 访问数据库的方式

应用程序使用JDBC访问数据库主要分为3层：最上层为应用层，程序开发人员通过调用JDBC API进行数据库访问；中间层为JDBC接口层，它为Java程序访问不同类型的数据库提供了统一的访问接口；最底层为JDBC驱动层，它由不同数据库厂商提供的JDBC驱动程序实现与数据库的真正交互，应用程序使用JDBC访问数据库的方式如图7-1所示。

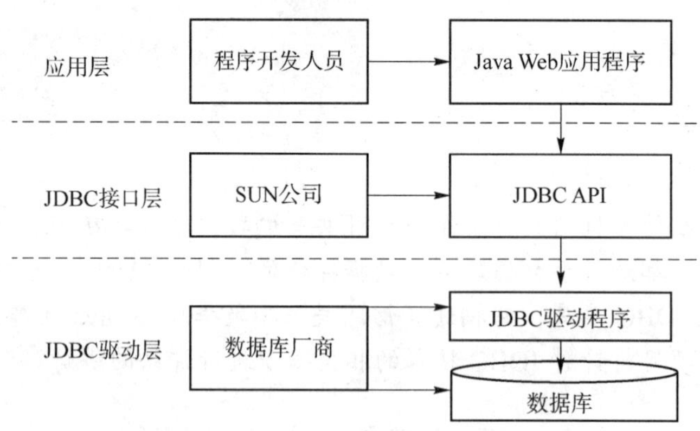

图 7-1　应用程序使用 JDBC 访问数据库的方式

由图7-1可知，JDBC在应用程序与数据库之间起到一个桥梁的作用，当应用程序使用JDBC访问特定的数据库时，需要通过不同数据库驱动程序与不同的数据库进行连接，连接后即可对该数据库进行相应操作，使应用程序与数据库耦合性降低，大大简化了应用程序的开发过程，提高了程序的可移植性和维护性。

7.3　JDBC 操作数据库

任务 3：加载 JDBC 驱动程序

在连接数据库前，要加载连接数据库的 JDBC 驱动程序类，加载驱动程序类实则是将程序驱动类装入 JVM 的过程。加载驱动程序类最常用的方式是使用类加载器，可以通过java.lang.Class 类的静态方法 forName(String className)来实现。

JDBC 对各种数据库的访问，不同之处在于加载驱动程序类和数据库的连接，驱动程序类可以到数据库的官方网站下载，连接数据库之后的各种操作基本相似。以下列举几个常用数据库加载驱动程序类的方式。

1. 加载 SQL Server 数据库驱动

```
Class.forName("com.microsoft.sqlserver.jdbc.SQLServerDriver");
```

2. 加载 MySQL 数据库驱动

```
Class.forName("com.mysql.jdbc.Driver");
```

3. 加载 Oracle 数据库驱动

```
Class.forName("oracle.jdbc.driver.OracleDriver");
```

任务 4：创建数据库连接

如果 JDBC 驱动程序类加载失败，将抛出 ClassNotFoundException 异常，即未找到指定的驱动程序类。JDBC 驱动程序类成功加载后，会将加载的驱动程序类注册给 java.sql.DriverManager 驱动程序管理器类，并创建数据库连接。

DriverManager 类是 JDBC 的管理层，用来管理数据库中的所有驱动程序，作用于用户和驱动程序之间，跟踪可用的驱动程序，并在数据库的驱动程序之间建立连接。DriverManager 类中的方法都是静态方法，所以在程序中无须对它进行实例化，直接通过类名就可以调用。

DriverManager 类负责建立和管理数据库连接，使用 DriverManager 类的静态方法 getConnection()可以获得数据库连接对象。getConnection()方法具有 3 种重载方式，最常用的 getConnection()方法需要输入数据库有效的 JDBC URL 作为自我标识的参数，以及数据库的用户名和密码进行身份认证参数。DriverManager 类常用方法如表 7-1 所示。

表 7-1 DriverManager 类常用方法

方法名称	功能描述
public static void registerDriver (Driver driver) throws SQLException	向 DriverManager 注册给定驱动程序
public static void deregisterDriver (Driver driver) throws SQLException	从 DriverManager 的列表中删除一个驱动程序
public static Connection getConnection (String url) throws SQLException	建立到给定数据的 URL 连接，url 参数为对应数据库的指定标识符
public static Connection getConnection (String url,Properties info) throws SQLException	建立到给定数据的 URL 连接，url 参数为对应数据库的指定标识符，info 为连接参数的任意字符串标记/值对的列表，通常至少应该包括 user 和 password 属性
public static Connection getConnection (String url, String user, String password) throws SQLException	建立到给定数据的 URL 连接，url 参数为对应数据库的指定标识符，user 为数据库用户，password 为用户的密码

通过 DriverManager 类中的 getConnection()方法，可以得到 java.sql.Connection 接口对象，该接口为数据库连接接口，用于与特定数据库的连接，建立会话，在连接上下文中执行 SQL 语句并返回结果。

以下列举几个常用的建立数据库连接的方式。

1. 连接 SQL Server 数据库

```
String url="jdbc:sqlserver:// localhost:1433; DatabaseName=BMSTable";
String user="sa";
String password="sqlserver2008";
Connection conn = DriverManager.getConnection(url,user,password);
```

2. 连接 MySQL 数据库

```
String url=" jdbc:mysql://localhost:3306/BMSTable";
String user="root";
String password="root";
Connection conn = DriverManager.getConnection(url,user,password);
```

3. 连接 Oracle 数据库

```
String url=" jdbc:oracle:thin:@localhost:1521:BMSTable";
String user="scott";
String password="scott";
Connection conn = DriverManager.getConnection(url,user,password);
```

Connection 接口代表 Java 程序和数据库的连接，只有获得该连接对象后才能访问数据库，并操作数据库中表信息。在 Connection 接口中，定义了一系列方法，Connection 接口常用方法如表 7-2 所示。

表 7-2　Connection 接口常用方法

方法名称	功能描述
Statement createStatement() throws SQLException	创建一个 Statement 对象将 SQL 语句发送到数据库
PreparedStatement prepareStatement(String sql) throws SQLException	创建一个 PreparedStatement 对象，将参数化的 SQL 语句发送到数据库
void close() throws SQLException	释放 Connection 对象的数据库和 JDBC 资源

任务 5：创建和执行 SQL 语句

建立了与特定数据库的连接之后，就可以通过执行SQL语句对连接的数据库进行操作。JDBC提供了编译对象发送SQL语句的功能，其中常用的编译对象包括Statement和PreparedStatement，Statement和PreparedStatement对象由Connection对象的方法生成，且PreparedStatement接口是Statement接口的子接口。

java.sql.Statement接口用于执行静态SQL语句并返回它所生成的结果。Statement对象执行SQL语句时，每次都需要进行编译，当相同的SQL语句反复执行时，Statement对象就会频繁地编译数据库中的相同SQL语句，因此降低了数据库的访问效率。

java.sql.PreparedStatement表示预编译SQL语句的接口，SQL语句被预编译并存储在PreparedStatement对象中，也就是说，当相同的SQL语句再次执行时，数据库只需使用存储在PreparedStatement对象中的缓冲数据，因此使用此对象可以多次高效地执行语句。

1. 使用 Statement 执行 SQL 语句

Statement接口用于执行静态的SQL语句，并返回一个结果对象，该接口的对象通过Connection连接对象的createStatement()方法获得，利用该对象把静态的SQL语句发送到数据库编译执行，然后返回数据库的处理结果。在Statement接口中，提供了执行SQL语句的方法，Statement接口常用方法如表7-3所示。

表 7-3 Statement 接口常用方法

方法名称	功能描述
int executeUpdate(String sql) throws SQLException	执行 SQL 的 INSERT、UPDATE 或 DELETE 语句，该方法返回 int 类型的值，表示数据库中受该 SQL 语句影响的记录条数
ResultSet executeQuery(String sql) throws SQLException	执行 SQL 的 SELECT 语句，该方法返回表示查询结果集的 ResultSet 对象
void close() throws SQLException	立即释放此 Statement 对象的数据库和 JDBC 资源

Statement接口封装了JDBC执行SQL语句的方法，可以完成Java程序执行SQL语句的操作，Statement对象执行完毕后， Java垃圾收集程序会自动关闭，而作为一种好的编程习惯，应该在不需要使用Statement对象时显式地关闭，立即释放数据库资源，有助于避免潜在的内存泄露问题。

在实际项目开发中，往往需要将程序中的变量作为SQL语句的查询条件，使用Statement接口操作这些SQL语句会过于烦琐，并且存在安全方面的问题。针对这一问题，JDBC API中提供了扩展的PreparedStatement接口。

2. 使用 PreparedStatement 执行 SQL 语句

PreparedStatement接口用于执行预编译的SQL语句，该接口扩展了带有参数SQL语句的执行操作，应用该接口中的SQL语句可以使用占位符“?”来代替其参数，然后通过setXxx()方法为SQL语句的参数赋值。

PreparedStatement接口是Statement的子接口，它继承了Statement接口的所有功能，并且还添加了自己相关的方法，用于设置发送给数据库以取代参数占位符的值。PreparedStatement接口对象包含已编译的SQL语句，所以执行速度要快于Statement对象。PreparedStatement接口常用方法如表7-4所示。

表 7-4 PreparedStatement 接口常用方法

方法名称	功能描述
int executeUpdate() throws SQLException	在 PreparedStatement 对象中执行 SQL 的 INSERT、UPDATE 或 DELETE 语句，该方法返回 int 类型的值，表示数据库中受该 SQL 语句影响的记录条数
ResultSet executeQuery() throws SQLException	在 PreparedStatement 对象中执行 SQL 的 SELECT 语句，该方法返回表示查询结果集的 ResultSet 对象
void setString(int index, String x)throws SQLException	将指定的参数设置为给定的 String 值，参数的序数从 1 开始计数
void setInt(int index,int x) throws SQLException	将指定的参数设置为给定的 int 值，参数的序数从 1 开始计数
void setFloat(int index, float x) throws SQLException	将指定的参数设置为给定的 float 值，参数的序数从 1 开始计数
void setDouble(int index, double x) throws SQLException	将指定的参数设置为给定的 double 值，参数的序数从 1 开始计数
void setDate(int index, Date x) throws SQLException	将指定的参数设置为给定的 Date 值，参数的序数从 1 开始计数。注意：Date 的类型是 java.sql.Date

任务6：获取查询结果

使用Statement或PreparedStatement对象的executeQuery()方法，表示执行查询数据库语句后所生成的ResultSet对象。java.sql.ResultSet接口代表SQL执行的结果集，它包含符合SQL语句中条件的所有行，对于SQL语句执行结果的操作，实质上是对ResultSet对象的操作。ResultSet接口常用方法如表7-5所示。

表7-5　ResultSet 接口常用方法

方法名称	功能描述
boolean next() throws SQLException	将光标从当前位置向下移一行
String getString(int columnIndex) throws SQLException	以 String 的形式获取此 ResultSet 对象的当前行中指定列的值。参数 columnIndex 表示字段的索引值，从 1 开始计数
String getString(String columnLabel) throws SQLException	以 String 的形式获取此 ResultSet 对象的当前行中指定列的值。参数 columnLabel 表示字段的名称
int getInt(int columnIndex) throws SQLException	以 int 的形式获取此 ResultSet 对象的当前行中指定列的值。参数 columnIndex 表示字段的索引值，从 1 开始计数
int getInt(String columnLabel) throws SQLException	以 int 的形式获取此 ResultSet 对象的当前行中指定列的值。参数 columnLabel 表示字段的名称
double getDouble(int columnIndex) throws SQLException	以 double 的形式获取此 ResultSet 对象的当前行中指定列的值。参数 columnIndex 表示字段的索引值，从 1 开始计数
double getDouble(String columnLabel) throws SQLException	以 double 的形式获取此 ResultSet 对象的当前行中指定列的值。参数 columnLabel 表示字段的名称
boolean first() throws SQLException	将光标移动到此 ResultSet 对象的第一行
boolean last() throws SQLException	将光标移动到此 ResultSet 对象的最后一行
void close() throws SQLException	立即释放此 ResultSet 对象的数据库和 JDBC 资源

在应用程序中经常使用next()方法作为while循环的条件来迭代ResultSet结果集。ResultSet对象具有指向其当前数据行的光标。最初光标被置于第一行之前，每调用一次ResultSet对象中的next()方法，光标向下移动一行。因此，第一次调用next()方法时，光标置于第一行上，使它成为当前行，随着每次使用while循环语句调用next()方法，光标会向下移动一行，按照由上至下的次序获取ResultSet行，并且在该对象关闭之前，光标一直保持有效。

ResultSet接口中还定义了大量的getXxx()方法，而采用哪种getXxx()方法取决于字段的数据类型。程序既可以通过字段的名称来获取指定数据，也可以通过字段的索引来获取指定的数据，字段的索引是从1开始编号的。例如，数据表的第一列字段名为id，字段类型为int，那么既可以使用getInt(1)字段索引的方式获取该列的值，也可以使用getInt("id")字段名称的方式获取该列的值。

任务7：关闭连接

每次操作数据库结束后都要关闭数据库连接，释放资源。根据程序运行内容，关闭ResultSet、Statement、PreparedStatement和Connection等资源，通常使用实例对象的close()方

法，方法定义如下：

```
void close() throws SQLException
```

任务 8：实现简单的 JDBC 程序

本节讲解如何通过 JDBC 的常用 API 实现一个 JDBC 的基本程序，本书以 SQLServer 数据库为例，使用 JSP，通过预编译对象的方式，对数据库 BMSTable 中的 users 表完成用户信息添加、修改、查询、删除的操作。

在 MyEclipse 开发环境的 BMSProject 项目中，将 SQLServer 的驱动程序 sqljdbc4.jar 导入项目的 lib 目录，完成以下程序。

1. 添加功能

程序 7-1：JDBCInsert.jsp

```
<%@page language="java" import="java.util.*,java.sql.*"
pageEncoding="GB18030" contentType="text/html;charset=GB18030"%>
<html>
  <head><title>添加信息</title></head>
  <body>
  <%
    Class.forName("com.microsoft.sqlserver.jdbc.SQLServerDriver");
    Connection conn=DriverManager.getConnection(
      "jdbc:sqlserver://localhost:1433;DatabaseName=BMSTable",
      "sa", "sql2008");
    String sql="insert into Users values(?,?,?,?)";
    PreparedStatement pstmt= conn.prepareStatement(sql);
    pstmt.setInt(1,110);
    pstmt.setString(2,"管理员");
    pstmt.setString(3,"admin");
    pstmt.setInt(4,1);
    pstmt.executeUpdate();
    pstmt.close();
    conn.close();
%>
  </body>
</html>
```

打开 IE 浏览器，输入地址“http://localhost:8080/JDBCProject/JDBCInsert.jsp”，打开数据库，可以看到表中已添加数据，表中添加结果信息如图 7-2 所示。

LAPTOP-5B4SKKN1....ables - dbo.users

userid	uname	upwd	limit
110	管理员	admin	1

图 7-2　表中添加结果信息

2. 修改功能

程序 7-2：JDBCUpdate.jsp

```
<%@page language="java" import="java.util.*,java.sql.*"
pageEncoding="GB18030" contentType="text/html;charset=GB18030"%>
<html>
  <head><title>修改信息</title></head>
  <body>
  <%
    Class.forName("com.microsoft.sqlserver.jdbc.SQLServerDriver");
    Connection conn=DriverManager.getConnection(
      "jdbc:sqlserver://localhost:1433;DatabaseName=BMSTable",
      "sa", "sql2008");
    String sql="update users set upwd=? where userid=?";
    PreparedStatement pstmt= conn.prepareStatement(sql);
    pstmt.setString(1,"abcd");
    pstmt.setInt(2,110);
    pstmt.executeUpdate();
    pstmt.close();
    conn.close();
%>
  </body>
</html>
```

打开 IE 浏览器，输入地址“http://localhost:8080/JDBCProject/JDBCUpdate.jsp”，打开数据库，可以看到表中已修改数据，表中数据修改结果信息如图 7-3 所示。

LAPTOP-5B4SKKN1....ables - dbo.users

userid	uname	upwd	limit
110	管理员	abcd	1

图 7-3　表中数据修改结果信息

3. 查询功能

程序 7-3：JDBCQuery.jsp

```
<%@page language="java" import="java.util.*,java.sql.*"
pageEncoding="GB18030" contentType="text/html;charset=GB18030"%>
<html>
  <head><title>查询信息</title></head>
  <body>
  <%
    Class.forName("com.microsoft.sqlserver.jdbc.SQLServerDriver");
    Connection conn=DriverManager.getConnection(
      "jdbc:sqlserver://localhost:1433;DatabaseName=BMSTable",
```

```
              "sa", "sql2008");
          String sql="select * from users";
          PreparedStatement pstmt= conn.prepareStatement(sql);
          ResultSet rs=pstmt.executeQuery();
          while(rs.next()){
           out.print("账号:"+rs.getInt("userid")
           +"      用户名："+rs.getString("uname")
           +"      密码："+rs.getString("upwd")
           +"      权限："+rs.getString("limit")
           );
           }
           rs.close();
           pstmt.close();
           conn.close();
  %>
    </body>
  </html>
```

打开 IE 浏览器，输入地址“http://localhost:8080/JDBCProject/JDBCQuery.jsp”，在浏览器中显示查询结果信息如图 7-4 所示。

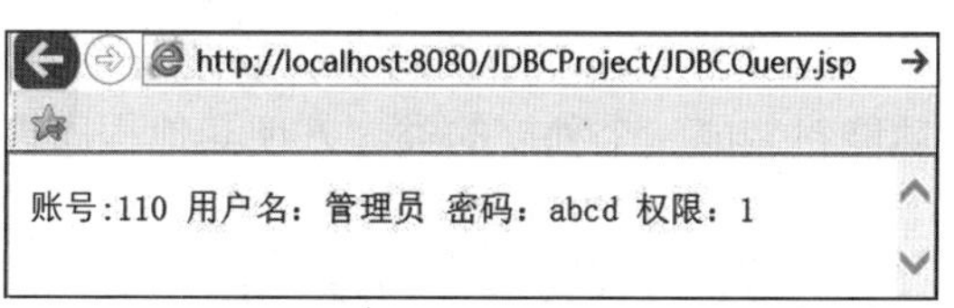

图 7-4 查询结果信息

4. 删除功能

程序 7-4：JDBCDelete.jsp

```
  <%@page language="java" import="java.util.*,java.sql.*"
  pageEncoding="GB18030" contentType="text/html;charset=GB18030"%>
  <html>
    <head><title>删除信息</title></head>
    <body>
    <%
        Class.forName("com.microsoft.sqlserver.jdbc.SQLServerDriver");
        Connection conn=DriverManager.getConnection(
            "jdbc:sqlserver://localhost:1433;DatabaseName=BMSTable",
            "sa", "sql2008");
        String sql="delete from users where userid=?";
        PreparedStatement pstmt= conn.prepareStatement(sql);
        pstmt.setInt(1,110);
```

```
            pstmt.executeUpdate();
            pstmt.close();
            conn.close();
    %>
      </body>
    </html>
```

打开 IE 浏览器，输入地址“http://localhost:8080/JDBCProject/JDBCDelete.jsp”，打开数据库，可以看到表中数据已删除，表中数据删除结果信息如图 7-5 所示。

	userid	uname	upwd	limit
▸*	NULL	NULL	NULL	NULL

图 7-5　表中数据删除结果信息

由以上程序可以看出以下代码：

```
Class.forName("com.microsoft.sqlserver.jdbc.SQLServerDriver");
Connection conn=DriverManager.getConnection(
  "jdbc:sqlserver://localhost:1433;DatabaseName=BMSTable",
"sa",
"sql2008");
conn.close();
```

也就是说，加载驱动程序，获得数据库连接对象和数据库连接对象关闭功能在程序中反复使用。因此，可以将此功能封装成一个独立的类，方便其他程序调用，即数据库连接类。

7.4　项 目 功 能

在图书馆管理系统中，使用 JDBC 操作数据中信息，可以设置数据库连接类，并完成项目中各功能的数据库操作类。与数据库操作的相关文件说明如表 7-6 所示。

表 7-6　数据库相关操作的文件说明

包　名	文件名	说　　明
dbc	DBConnection.java	数据库连接类
dbo	UsersDBOperation.java	用户登录的数据库操作类
	BookTypeDBOperation.java	图书类型的数据库操作类
	BookInfoDBOperation.java	图书信息的数据库操作类
	ReaderTypeDBOperation.java	读者类型的数据库操作类
	ReaderInfoDBOperation.java	读者信息的数据库操作类
	BorrowInfoDBOperation.java	图书借阅的数据库操作类

任务 9：数据库连接类

数据库连接类用于功能是加载 SQLServer 驱动程序类，获取数据库连接对象，以及关闭数据库连接对象，其方法说明如表 7-7 所示。

表 7-7 数据库连接类中方法说明

方法名称	功能描述
public Connection getConnection()	加载驱动程序，获得数据库连接对象
public void closed()	关闭数据库连接对象

程序 7-5：DBConnection.java

```
package dbc;
import java.sql.*;
public class DBConnection {
  private static final String driver
    ="com.microsoft.sqlserver.jdbc.SQLServerDriver";
  private static final String url
    = "jdbc:sqlserver://127.0.0.1:1433; DatabaseName=BMSTable";
  private static final String userName = "sa";
  private static final String password = "sql2008";
  private Connection conn = null;
  public Connection getConnection() {
  try {
    Class.forName(driver);
    conn = DriverManager.getConnection(url, userName, password);
    } catch (Exception e) {   e.printStackTrace(); }
      return conn;
  }
  public void closed() {
  if(conn!=null)
  try {
    conn.close();
    } catch (SQLException e) {   e.printStackTrace(); }
  }
}
```

任务 10：用户登录的数据库操作类

在用户登录的数据库操作类中，根据JDBC操作数据库的步骤可知，需要通过数据库连接类加载驱动程序，创建数据库连接对象，根据登录功能执行SQL语句，获得查询结果，并关闭对象。其方法说明如表7-8所示。

表 7-8 登录功能数据库操作类的方法说明

方法功能	方法声明	方法描述
登录	public boolean findLogin(Users users) throws Exception{}	根据 Users 中封装的 userid、uname、upwd 和 limit 查询用户信息，如果成功则返回 true，不成功则返回 false

程序7-6：UsersDBOperation.java

```
package dbo;
import java.sql.*;
import model.*;
import dbc.*;
public class UsersDBOperation {
   private PreparedStatement pstmt=null;
   private ResultSet rs=null;
   boolean flag = false;
   DBConnection db=new DBConnection();
   Connection conn =db.getConnection();
   public boolean findLogin(Users users) throws Exception {
      try {
      String sql = "select uname,limit from users"
                 +"where userid=? and upwd=?" ;
      pstmt = conn.prepareStatement(sql) ;
      pstmt.setInt(1, users.getUserid()) ;
      pstmt.setString(2, users.getUpwd()) ;
      rs = pstmt.executeQuery() ;
      if(rs.next()){
         flag = true ;
         users.setLimit(rs.getInt("limit"));
         users.setName(rs.getString("uname"));
         }
         rs.close();
         pstmt.close();
         } catch (Exception e) {
              e.printStackTrace();
         }
         finally {
            db.closed();
         }
      return flag;
         }
   }
```

任务 11：图书类型的数据库操作类

在图书类型的数据库操作类中，通过图书类型功能和JDBC操作数据库的步骤可知，需要使用数据库连接类加载驱动程序，创建数据库连接对象，根据图书类型的查询全部信息、增

加、删除和修改功能执行SQL语句，并关闭对象，其方法说明如表7-9所示。

表 7-9 图书类型数据库操作类的方法说明

方法功能	方法声明	方法描述
查询全部图书类型	public List<BookType> findAllBookType() throws Exception{}	查询 booktype 表中图书类型的全部信息，并将表中的信息通过实体类 BookType 设置到 List 集合中
添加图书类型	public boolean doCreate(BookType booktype) throws Exception{}	将图书类型添加界面中获取的信息封装到 BookType 实体类中，并通过参数方式，将信息插入到表中，完成图书类型添加的功能，添加成功则返回 true，否则返回 false
删除图书类型	public boolean doDelete(int booktypeid) throws Exception{}	根据 booktypeid 删除当前对应的图书类型信息，删除成功则返回 true，否则返回 false
根据图书类型编号查询图书类型信息	public BookType findBookTypeById(int booktypeid) throws Exception{}	根据 booktypeid 查询当前对应的图书类型信息，并将信息设置到 BookType 实体类中
修改图书类型	public boolean doUpdate(BookType booktype) throws Exception{}	将图书类型修改界面中获取的信息封装到 BookType 实体类中，并通过参数方式，将信息更新到表中，完成图书类型修改的功能

程序7-7：BookTypeDBOperation.java

```
package dbo;
import java.sql.*;
import model.*;
import dbc.*;
public class BookTypeDBOperation {
  private PreparedStatement pstmt=null;
  private ResultSet rs=null;
  boolean flag = false;
  DBConnection db=new DBConnection();
  Connection conn =db.getConnection();
  public List<BookType> findAllBookType() throws Exception {
    List<BookType> allbooktype= new ArrayList<BookType>();
    try {
    String sql = "select * from booktype";
    pstmt = conn.prepareStatement(sql);
    rs = pstmt.executeQuery();
    while (rs.next()) {
      BookType booktype= new BookType();
      booktype.setBooktypeid(rs.getInt("booktypeid"));
      booktype.setBooktypename(rs.getString("booktypename"));
      allbooktype.add(booktype);
    }
    rs.close();
```

```
    pstmt.close();
    }catch(Exception e){e.printStackTrace(); }
    finally{
      dbc.closed();
    }
    return allbooktype;
}
public boolean doCreate(BookType booktype) throws Exception {
    try {
    String sql="insert into booktype values(?,?)";
    pstmt=conn.prepareStatement(sql);
    pstmt.setInt(1,booktype.getBooktypeid());
    pstmt.setString(2, booktype.getBooktypename());
    int count=pstmt.executeUpdate();
    if(count>0){flag=true;}
    pstmt.close(); }
    catch (Exception e) {e.printStackTrace();}
    finally{
      dbc.closed();
    }
      return flag;
}
public boolean doDelete(int booktypeid) throws Exception {
    try {
    String sql="delete from booktype where booktypeid=? ";
    pstmt=conn.prepareStatement(sql);
    pstmt.setInt(1, booktypeid);
    int count=pstmt.executeUpdate();
    if(count>0){
      flag=true;
    }
    pstmt.close();
    } catch (Exception e) { e.printStackTrace(); }
    finally{
      dbc.closed();
    }
    return flag;
}
public BookType findBookTypeById(int booktypeid) throws Exception {
    BookType booktype = new BookType();
```

```
        try {
        String sql="select * from booktype where booktypeid=?";
        pstmt=conn.prepareStatement(sql);
        pstmt.setInt(1, booktypeid);
        rs=pstmt.executeQuery();
        if(rs.next()){
        booktype.setBooktypeid(rs.getInt("booktypeid"));
        booktype.setBooktypename(rs.getString("booktypename"));
        }
        rs.close();
        pstmt.close();
        } catch (Exception e) {e.printStackTrace();}
        finally{
          dbc.closed();
          }
        return booktype;
    }
    public boolean doUpdate(BookType booktype) throws Exception {
        try {
        String sql="update booktype set booktypename=? "
                  +"where booktypeid=?";
        pstmt=conn.prepareStatement(sql);
        pstmt.setString(1, booktype.getBooktypename());
        pstmt.setInt(2, booktype.getBooktypeid());
        int count=pstmt.executeUpdate();
        if(count>0){
          flag=true;
        }
        pstmt.close();
        } catch (Exception e) {e.printStackTrace();}
        finally{
            dbc.closed();
        }
        return flag;
        }
    }
```

任务 12：图书信息的数据库操作类

在图书信息的数据库操作类中，通过图书信息功能和JDBC操作数据库的步骤可知，需要使用数据库连接类加载驱动程序，创建数据库连接对象，根据图书信息的查询全部信息、添加、删除和修改功能执行SQL语句，并关闭对象，其方法说明如表7-10所示。

表 7-10 图书信息数据库操作类的方法说明

方法功能	方法声明	方法描述
查询全部图书信息	public List<BookInfo> findAllBookInfo() throws Exception{}	查询 bookinfo 表中图书的全部信息，并将表中的信息通过实体类 BookInfo 设置到 List 集合中
添加图书信息	public boolean doCreate(BookInfo bookinfo) throws Exception{}	将图书信息添加界面中获取的信息封装到 BookInfo 实体类中，并通过参数方式，将信息插入表中，完成图书信息添加的功能，添加成功则返回 true，否则返回 false
删除图书信息	public boolean doDelete(int bookid) throws Exception{}	根据 booktid 删除当前对应的图书信息，删除成功则返回 true，否则返回 false
根据图书编号查询图书信息	public BookInfo findBookInfoById(int bookid) throws Exception{}	根据 bookid 查询当前对应的图书信息，并将信息设置到 BookInfo 实体类中
修改图书信息	public boolean doUpdate(BookInfo bookinfo) throws Exception{}	将图书信息修改界面中获取的信息封装到 BookInfo 实体类中，并通过参数方式，将信息更新到数据库中，完成图书信息修改的功能

程序7-8：BookInfoDBOperation.java

```
package dbo;
import java.sql.*;
import model.*;
import dbc.*;
public class BookInfoDBOperation {
private PreparedStatement pstmt=null;
private ResultSet rs=null;
boolean flag = false;
DBConnection db=new DBConnection();
Connection conn =db.getConnection();
  public List<BookInfo> findAllBookInfo() throws Exception {
    List<BookInfo> allbookinfo = new ArrayList<BookInfo>();
    try{
    String sql = "select bookid,bookname,booktypeid,author, "
          +" price,isbn, nownumber,total,booktypename "
          + "from bookinfo bi ,booktype bt "
          + "where bi.booktypeid=bt.booktypeid ";
    pstmt = conn.prepareStatement(sql);
    rs = stmt.executeQuery();
    while(rs.next()){
      BookInfo bookinfo = new BookInfo();
    bookinfo.setBookid(rs.getInt("bookid"));
```

```
    bookinfo.setBookname(rs.getString("bookname"));
    bookinfo.setBooktypename(rs.getString("booktypename"))
    bookinfo.setBooktypeid(rs.getInt("booktypeid"));// 其实不用
    bookinfo.setAuthor(rs.getString("author"));
    bookinfo.setPubname(rs.getString("pubname"));
    bookinfo.setIsbn(rs.getString("isbn"));
    bookinfo.setPrice(rs.getDouble("price"));
    bookinfo.setCasename(rs.getString("casename"));
    bookinfo.setNownumber(rs.getInt("nownumber"));
    bookinfo.setTotal(rs.getInt("total"));
    allbookinfo.add(bookinfo);
  }
  rs.close();
  pstmt.close();
  }catch(Exception e){e.printStackTrace();}
  finally{
    dbc.closed();
  }
    return allbookinfo;
  }
  public boolean doCreate(BookInfo bookinfo) throws Exception {
    int booktypeid = 0;
    try{
    String sql1 = "select booktypeid from booktype"
                 +"where booktypename=?";
    pstmt = conn.prepareStatement(sql1);
    pstmt.setString(1, bookinfo.getBooktypename());
    rs = pstmt.executeQuery();
    while (rs.next()) {
        booktypeid = rs.getInt("booktypeid");
    }
    String sql2 = "insert into bookinfo values(?,?,?,?,?,?,?,?,?,?)";
    pstmt = conn.prepareStatement(sql);
    pstmt.setInt(1,bookinfo.getBookid());
    pstmt.setString(2,bookinfo.getBookname());
    pstmt.setString(3,bookinfo.getAuthor());
    pstmt.setDouble(4, bookinfo.getPrice());
    pstmt.setString(5, bookinfo.getIsbn());
    pstmt.setInt(6, bookinfo.getNownumber());
    pstmt.setInt(7, bookinfo.getTotal());
```

```
        pstmt.setString(8,bookinfo.getPubname());
        pstmt.setInt(9, booktypeid);
        pstmt.setString(10,bookinfo.getCasename());
        int i = pstmt.executeUpdate();
        if(i>0){
            flag = true;
        }
        pstmt.close();
        }catch(Exception e){e.printStackTrace(); }
        finally{
            dbc.closed();
        }
        return flag;
    }
    public boolean doDelete(int bookid) throws Exception {
        try{
        String sql = "delete from bookinfo where bookid = ?";
        pstmt = conn.prepareStatement(sql);
        pstmt.setInt(1, bookid);
        int i = pstmt.executeUpdate();
        if(i>0){flag = true; }
        pstmt.close();
        }catch(Exception e){e.printStackTrace(); }
        finally{
            dbc.closed();
        }
        return flag;
    }
    public BookInfo findBookInfoById(int bookid) throws Exception {
        BookInfo bookinfo = new BookInfo();
        try {
        String sql = "select bookid,bookname,author,price,isbn, "
                +"nownumber,total,booktypename,pubname,casename "
                + "from bookinfo bi, booktype bt"
                + " where bi.booktypeid=bt.booktypeid and bookid=?";
        pstmt = conn.prepareStatement(sql);
        pstmt.setInt(1, bookid);
        rs = pstmt.executeQuery();
        if (rs.next()) {
            bookinfo = new BookInfo();
```

```
        bookinfo.setBookid(rs.getInt("bookid"));
        bookinfo.setBookname(rs.getString("bookname"));
        bookinfo.setAuthor(rs.getString("author"));
        bookinfo.setCasename(rs.getString("casename"));
        bookinfo.setIsbn(rs.getString("isbn"));
        bookinfo.setPrice(rs.getDouble("price"));
        bookinfo.setPubname(rs.getString("pubname"));
        bookinfo.setBooktypename(rs.getString("booktypename"));
        bookinfo.setNownumber(rs.getInt("nownumber"));
        bookinfo.setTotal(rs.getInt("total"));
      }
      rs.close();
      pstmt.close();
      } catch (Exception e) {e.printStackTrace(); }
      finally {
        dbc.closed();
      }
      return bookinfo;
    }
    public boolean doUpdate(BookInfo bookinfo) throws Exception {
      String booktypename = bookinfo.getBooktypename();
      int booktypeid=0;
      try {
      String sql1 = "select booktypeid from booktype"
              +"where booktypename=?";
      pstmt = conn.prepareStatement(sql1);
      pstmt.setString(1, booktypename);
      rs = pstmt.executeQuery();
      while (rs.next()) {
      booktypeid=rs.getInt("booktypeid");
      }
      String sql2= "update bookinfoo set bookname=?,booktypeid=?,"
      +"author=?,pubnam=?,isbn=?,price=?,casename=?,nownumber=?,"
      + "total=? where bookid=?";
      pstmt = conn.prepareStatement(sql2);
      pstmt.setString(1, bookinfo.getBookname());
      pstmt.setInt(2, booktypeid);
      pstmt.setString(3, bookinfo.getAuthor());
      pstmt.setString(4, bookinfo.getPubname());
      pstmt.setString(5, bookinfo.getIsbn());
```

```
        pstmt.setDouble(6, bookinfo.getPrice());
        pstmt.setString(7, bookinfo.getCasename());
        pstmt.setInt(8, bookinfo.getNownumber());
        pstmt.setInt(9, bookinfo.getTotal());
        pstmt.setInt(10, bookinfo.getBookid());
        int count = pstmt.executeUpdate();
        if (count > 0) {
            flag = true;
        }
        rs.close();
        pstmt.close();
        } catch (Exception e) {e.printStackTrace(); }
    finally {
            dbc.closed();
        }
        return flag;
    }
```

任务 13：读者类型的数据库操作类

在读者类型的数据库操作类中，通过读者类型功能和JDBC操作数据库的步骤可知，需要使用数据库连接类加载驱动程序，创建数据库连接对象，根据读者类型的查询全部信息、添加和删除功能执行SQL语句，并关闭对象，其方法说明如表7-11所示。

表 7-11　读者类型数据库操作类的方法说明

方法功能	方法声明	方法描述
查询全部读者类型	public List<ReaderType> findAllReaderType() throws Exception{}	查询 readertype 表中读者类型的全部信息，并将表中的信息通过实体类 ReaderType 设置到 List 集合中
添加读者类型	public boolean doCreate(ReaderType readertype) throws Exception{}	将读者类型添加界面获取的信息封装到 ReaderType 实体类，并通过参数方式，将信息插入表中，完成读者类型添加的功能，添加成功则返回 true，否则返回 false
删除读者类型	public boolean doDelete(int readertypeid) throws Exception{}	根据 readertypeid 删除当前对应的图书类型信息，删除成功则返回 true，否则返回 false

程序7-9：ReaderTypeDBOperation.java

```
package dbo;
import java.sql.*;
import model.*;
import dao.*;
import dbc.*;
public class ReaderTypeDBOperation{
```

```
private PreparedStatement pstmt=null;
private ResultSet rs=null;
boolean flag = false;
DBConnection db=new DBConnection();
Connection conn =db.getConnection();
  public List<ReaderType> findAllReaderType() throws Exception {
    List<ReaderType> allreadertype = new ArrayList<ReaderType>();
    try{
    String sql = "select * from readertype";
    pstmt = conn.prepareStatement(sql);
    rs = pstmt.executeQuery();
    while(rs.next()){
      ReaderType readertype = new ReaderType();
      readertype.setNumber(rs.getInt("number"));
      readertype.setReadertypeid(rs.getInt("readertypeid"));
      readertype.setReadertypename(rs.getString("readertypename"));
      allreadertype.add(readertype);
    }
    rs.close();
    pstmt.close();
    }catch(Exception e){ e.printStackTrace(); }
    finally{
      dbc.closed();
    }
    return allreadertype;
  }
  public boolean doCreate(ReaderType readertype) throws Exception {
    try{
    String sql = "insert into readertype values(?,?,?)";
    pstmt = conn.prepareStatement(sql);
    pstmt.setInt(1,readertype.getReadertypeid());
    pstmt.setString(2,readertype.getReadertypename());
    pstmt.setInt(3,readertype.getNumber());
    int i = pstmt.executeUpdate();
    if(i>0){
      flag = true;
    }
    pstmt.close();
    }catch(Exception e){e.printStackTrace(); }
    finally{
```

```
            dbc.closed();
        }
        return flag;
    }
    public boolean doDelete(int readertypeid) throws Exception {
        try{
        String sql = "delete from readertype where readertypeid= ?";
        pstmt = conn.prepareStatement(sql);
        pstmt.setInt(1,readertypeid);
        int i = pstmt.executeUpdate();
        if(i>0){
            flag = true;
            }
            pstmt.close();
        }catch(Exception e){e.printStackTrace();    }
        finally{
            dbc.closed();
        }
        return flag;
    }
}
```

任务 14：读者信息的数据库操作类

在读者信息的数据库操作类中，通过图书信息功能和JDBC操作数据库的步骤可知，需要使用数据库连接类加载驱动程序，创建数据库连接对象，根据读者信息的查询全部信息、添加和删除功能执行SQL语句，并关闭对象，其方法说明如表7-12所示。

表 7-12　读者信息数据库操作类的方法说明

方法功能	方法声明	方法描述
查询全部读者信息	public List<ReaderInfo> findAllReaderInfo() throws Exception{}	查询 readerinfo 表中读者的全部信息，并将表中的信息通过实体类 ReaderInfo 设置到 List 集合中
添加读者信息	public boolean doCreate(RaderInfo readerinfo) throws Exception{}	将读者添加界面中获取的信息封装到 ReaderInfo 实体类中，并通过参数方式，将信息插入表中，完成添加功能，添加成功则返回 true，否则返回 false
删除读者信息	public boolean doDelete(int readerid) throws Exception{}	根据 readerid 删除当前对应的读者信息，删除成功则返回 true，否则返回 false
根据读者编号查询读者信息（借阅功能使用）	public List<ReaderInfo> findReaderInfoById(int readerid)throws Exception{}	根据 readerid 查询读者信息，设置到 List 集合中，并更新借阅表中信息

程序7-10：ReaderInfoDBOperation.java

```
package dbo;
import java.sql.*;
import model.*;
import dbc.*;
public class ReaderInfoDBOperation{
  private PreparedStatement pstmt=null;
  private ResultSet rs=null;
  boolean flag = false;
  DBConnection db=new DBConnection();
  Connection conn =db.getConnection();
  public List<ReaderInfo> findallReaderInfo() throws Exception {
    List<ReaderInfo> allreaderinfo = new ArrayList<ReaderInfo>();
    try{
    String sql="select readerid,readername,readertypename,idcard, "
      +" number,borrownumber from readerinfo ri,readertype rt "
      +"where ri.readertypeid=rt.readertypeid ";
  pstmt = conn.prepareStatement(sql);
  rs = pstmt.executeQuery();
  while(rs.next()){
    ReaderInfo readerinfo = new ReaderInfo();
    readerinfo.setReaderid(rs.getInt("readerid"));
    readerinfo.setBorrownumber(rs.getInt("borrownumber"));
    readerinfo.setIdcard(rs.getString("idcard"));
    readerinfo.setReadername(rs.getString("readername"));
    readerinfo.setReadertypename(rs.geString("readertypename"));
    allreaderinfo.add(readerinfo);    }
  }catch(Exception e){ e.printStackTrace(); }
  finally{
    dbc.closed();
  }
  return allreaderinfo;
  }
  public boolean doCreate(ReaderInfo readerinfo) throws Exception {
    int readertypeid = 0;
    try{
    String sql1 = "select readertypeid from readertype"
                +"where readertypename=?";
    pstmt = conn.prepareStatement(sql1);
    pstmt.setString(1, readerinfo.getReadertypename());
```

```
rs = pstmt.executeQuery();
while (rs.next()) {
  readertypeid = rs.getInt("readertypeid");
}
String sql2="insert into readerinfo values(?,?,?,?,?)";
pstmt = conn.prepareStatement(sql);
pstmt=conn.prepareStatement(sql);
pstmt.setInt(1, readerinfo.getReaderid());
pstmt.setInt(3, readertypeid);
pstmt.setString(2, readerinfo.getReadername());
pstmt.setString(4, readerinfo.getIdcard());
pstmt.setInt(5, readerinfo.getBorrownumber());
int i = pstmt.executeUpdate();
String sql3="insert into users values(?,?,?,?)";
pstmt=conn.prepareStatement(sql3);
pstmt.setInt(1, readerinfo.getReaderid());
pstmt.setString(2, readerinfo.getReadername());
pstmt.setInt(3, readerinfo.getReaderid());
pstmt.setInt(4,2);
int j=pstmt.executeUpdate();
if(i>0&&j>0){
  flag=true;
}
pstmt.close();
}catch(Exception e){e.printStackTrace(); }
finally{
  dbc.closed();
}
  return flag;
}
public boolean doDelete(int readerid) throws Exception {
  try {
  String sql1="delete from readerinfo where readerid=? ";
  pstmt=conn.prepareStatement(sql1);
  pstmt.setInt(1, readerid);
  int i=pstmt.executeUpdate();
  String sql2="delete from users where userid=? ";
  pstmt=conn.prepareStatement(sql2);
  pstmt.setInt(1, readerid);
  int j=pstmt.executeUpdate();
```

```
        if(i>0&&j>0){
            flag=true;
        }
            pstmt.close();
        } catch (Exception e) { e.printStackTrace(); }
        finally{
            dbc.closed();
        }
        return flag;
    }
    public List<ReaderInfo> findReaderInfoById(int readerid)
        throws Exception {
        List<ReaderInfo> allreaderinfo = new ArrayList<ReaderInfo>();
        try {
        String sql1="update readerinfo set borrownumber=(select count(*)"
            +"from borrowinfo where readerid=? and returndate is null)"
            +"where readerid=? ";
        pstmt=conn.prepareStatement(sql1);
        pstmt.setInt(1, readerid);
        pstmt.setInt(2, readerid);
        pstmt.executeUpdate();
        String sql2="select readerid ,readername,readertypename ,idcard, "
            +"number,borrownumber from readerinfo ri,readertype rt"
            + "where ri.readertypeid=rt.readertypeid and readerid=?";
        pstmt=conn.prepareStatement(sql2);
        pstmt.setInt(1, readerid);
        rs=pstmt.executeQuery();
        if(rs.next()){
            ReaderInfo readerinfo= new ReaderInfo();
            readerinfo.setReaderid(rs.getInt("readerid"));
            readerinfo.setReadername(rs.getString("readername"));
            readerinfo.setReadertypename(rs.getString("readertypename"));
            readerinfo.setIdcard(rs.getString("idcard"));
            readerinfo.setNumber(rs.getInt("number"));
            readerinfo.setBorrownumber(rs.getInt("borrownumber"));
            allreaderinfo.add(readerinfo);
            }
            rs.close();
            pstmt.close();
            } catch (Exception e) { e.printStackTrace(); }
```

```
            finally{
                dbc.closed();
            }
            return allreaderinfo;
        }
}
```

任务 15：图书借还的数据库操作类

在图书借还的数据库操作类中，完成图书借阅、续借和归还功能，通过JDBC操作数据库的步骤可知，需要使用数据库连接类加载驱动程序，创建数据库连接对象，根据读者信息和借阅相关信息执行SQL语句，完成其功能，并关闭对象，其方法说明如表7-13所示。

表 7-13　借还信息数据库操作类的方法说明

方法功能	方法声明	方法描述
图书借阅	public boolean insertBorrowBook (BorrowInfo borrowinfo) throws Exception {}	首先判断图书表 bookinfo 中是否有该图书，如果存在，则将图书信息插入 borrowinfo 表中，并更新 bookinfo 表中图书的库存量，以及读者表中 ReaderInfo 借阅图书的数量；如果图书信息不存在，则不执行
查询借阅且未归还图书	public List<BorrowInfo> findAllBorrowBook(BorrowInfo borrowinfo,int readerid) throws Exception {}	根据读者编号 readerid 和归还日期 returndate 为空的条件下，borrowinfo 表和 bookinfo 中对应借阅且未归还的图书信息
图书续借	public boolean renewBookById(BorrowInfo borrowinfo, int readerid) throws Exception {}	根据读者编号 readerid 更新 borrowinfo 表中的信息，即完成图书续借功能，注意只允许续借一次
图书续借条件查询	public List<BorrowInfo> findBookRenew (BorrowInfo borrowinfo,int readerid) throws Exception {}	根据读者编号 readerid 和借阅信息 borrowinfo，查询续借条件，包括借阅未归还的情况下，距离归还时间还有 10 天可以续借
图书归还	public boolean borrowBackById(BorrowInfo borrow, int readerid) throws Exception {}	根据读者编号 readerid、图书编号 bookid 和借阅编号 id 更新借阅表中信息，完成归还功能；更新图书信息表 bookinfo 的 nownumber 现存量+1；更新和统计读者信息表中 readerinfo 的 borrownumber 已借数量

程序 7-11：BorrowInfoDBOperation.java

```
package dbo;
import java.sql.*;
import model.*;
import dao.*;
import dbc.*;
public class BorrowInfoDBOperation {
    private PreparedStatement pstmt=null;
    private ResultSet rs=null;
    boolean flag = false;
```

```
DBConnection db=new DBConnection();
Connection conn =db.getConnection();
public boolean insertBorrowBook(BorrowInfo borrowinfo)
    throws Exception{
  try {
  int bookid = 0;
  String sql1 = "select * from bookinfo where bookid=?";
  pstmt = conn.prepareStatement(sql1);
  pstmt.setInt(1, borrowinfo.getBookid());
  rs = pstmt.executeQuery();
  while (rs.next()) {
    bookid = rs.getInt("bookid");
  }
  if (bookid != 0) {
  String sql2= "insert into borrowinfo(bookid,readerid,borrowdate, "
      +"returndate,renew) values(?,?,?,?,?)";
  pstmt = conn.prepareStatement(sql2);
  pstmt.setInt(1, borrowinfo.getBookid());
  pstmt.setInt(2, borrowinfo.getReaderid());
  pstmt.setString(3, borrowinfo.getBorrowdate());
  pstmt.setString(4, borrowinfo.getReturndate());
  pstmt.setString(5, "是");
  int i= pstmt.executeUpdate();
  String sql3="update bookinfo set nownumber=nownumber-1"
       +" where bookid=? ";
  pstmt = conn.prepareStatement(sql3);
  pstmt.setInt(1, borrowinfo.getBookid());
  int j = pstmt.executeUpdate();
  String sql4= "update readerinfo set borrownumber"
    +"=(select count(*) from borrowinfo where readerid=?"
    +"and returndate is null) where readerid=?";
  pstmt = conn.prepareStatement(sql4);
  pstmt.setInt(1, borrowinfo.getReaderid());
  pstmt.setInt(2, borrowinfo.getReaderid());
  int k = pstmt.executeUpdate();
  if (i > 0 && j> 0 && k > 0) {
    flag = true;
  }
  rs.close();
  pstmt.close();
```

```
        dbc.closed();
        }else{
          System.out.println("没有该图书，不可借阅");
        }
        } catch (Exception e) {e.printStackTrace(); }
          finally{
            dbc.closed();
          }
          return flag;
        }
        public List<BookBorrow> findAllBorrowBook(BorrowInfo borrowinfo,
                int readerid) throws Exception{
          try {
          List<BookInfo> allborrowinfo=new ArrayList<BookInfo>();
          String sql = "select id,bri.bookid,readerid, "
            +"CONVERT(varchar(20),borrowdate,111) as borrowdate,"
+ "CONVERT(varchar(20),returndate,111) as returndate,nownumber,total,"
+ "CONVERT(varchar(20),borrowdate+60,111) as orderdate,bookname,"
+ datediff(dd, borrowdate+60,getdate()) as overdate, renew,"
+ "datediff(day, borrowdate+60,getdate())*0.1 as fine"
+" from borrowinfo bri,bookinfo bki where bri.bookid=bki.bookid "
+ "and readerid=? and returndate is null";
          pstmt = conn.prepareStatement(sql);
          pstmt.setInt(1, readerid);
          rs = pstmt.executeQuery();
          while (rs.next()) {
            borrowinfo = new BorrowInfo();
            borrowinfo.setId(rs.getInt("id"));
            borrowinfo.setBookid(rs.getInt("bookid"));
            borrowinfo.setBookname(rs.getString("bookname"));
            borrowinfo.setBorrowdate(rs.getString("borrowdate"));
            borrowinfo.setOrderdate(rs.getString("orderdate"));
            borrowinfo.setFine(rs.getDouble("fine"));
            borrowinfo.setOverdate(rs.getInt("overdate"));
            borrowinfo.setNownumber(rs.getInt("nownumber"));
            borrowinfo.setTotal(rs.getInt("total"));
            allborrowinfo.add(borrowinfo);
        }
        rs.close();
        pstmt.close();
```

```
} catch (Exception e) { e.printStackTrace(); }
   finally{
      dbc.closed();
   }
      return allborrowinfo;
}
public boolean renewBookById(BorrowInfo borrowinfo, int readerid)
      throws Exception {
   try {
   String sql = "update borrowinfo set borrowdate=?,renew=? "
         + "where bookid=? and readerid=? and id=?";
   pstmt = conn.prepareStatement(sql);
   pstmt.setString(1, borrowinfo.getReturndate());
   pstmt.setString(2,"否");
   pstmt.setInt(3, borrowinfo.getBookid());
   pstmt.setInt(4, readerid);
   pstmt.setInt(5, borrowinfo.getId());
   int i = pstmt.executeUpdate();
   if (i > 0 ) {flag = true;}
   rs.close();
   pstmt.close();
   } catch (Exception e) { e.printStackTrace(); }
finally{
      dbc.closed();
}
      return flag;
}
public List<BorrowInfo> findBookRenew (BorrowInfo borrowinfo,
         int readerid) throws Exception {
List<BorrowInfo> allborrowinfo = new ArrayList<BorrowInfo>();
try {
String sql = "select id,bri.bookid,readerid,CONVERT(varchar(20), " +"borrowdate, 111) as borrowdate,"
   + " CONVERT(varchar(20) , returndate, 111 ) as returndate," +"nownumber,total,"
   + "CONVERT(varchar(20) , borrowdate+60 ,111 ) as orderdate,"
   +" bookname, datediff(dd, borrowdate+60,getdate()) as overdate,"
   + "renew,datediff(day, borrowdate+60,getdate()) *0.1 as fine"+
   +"from borrowinfo bri,bookinfo bki where bri.bookid=bki.bookid "
   + "and readerid=? and returndate is null and renew=? and "
   +"datediff(day,borrowdate+60,getdate()) between -10 and 0 ";
      pstmt = conn.prepareStatement(sql);
```

```
        pstmt.setInt(1, readerno);
        pstmt.setString(2, "是");
        rs = pstmt.executeQuery();
        while (rs.next()) {
          borrowinfo= new BorrowInfo();
          borrowinfo.setId(rs.getInt("id"));
          borrowinfo.setBookid(rs.getInt("bookid"));
          borrowinfo.setBookname(rs.getString("bookname"));
          borrowinfo.setBorrowdate(rs.getString("borrowdate"));
          borrowinfo.setOrderdate(rs.getString("orderdate"));
          borrowinfo.setNownumber(rs.getInt("nownumber"));
          borrowinfo.setFine(rs.getDouble("fine"));
          borrowinfo.setOverdate(rs.getInt("overdate"));
          borrowinfo.setTotal(rs.getInt("total"));
          allborrowinfo.add(borrowinfo);
          }
          rs.close();
          pstmt.close();
          } catch (Exception e) {e.printStackTrace();}
          finally{
          dbc.closed();
        }
        return allborrowinfo;
    }
    public boolean borrowBackById(BorrowInfo borrowinfo, int readerid)
          throws Exception {
      try {
      String sql1 = "update borrowinfo set returndate=? where bookid=?"
          +"and readerid=? and id=?";
      pstmt = conn.prepareStatement(sql1);
      pstmt.setString(1, borrowinfo.getReturndate());
      pstmt.setInt(2, borrowinfo.getBookid());
      pstmt.setInt(3, readerid);
      pstmt.setInt(4, borrowinfo.getId());
      int i = pstmt.executeUpdate();
      pstmt.close();
      String sql2="update bookinfo set nownumber=nownumber+1"
          +"where bookid=? ";
      pstmt = conn.prepareStatement(sql2);
      pstmt.setInt(1,borrowinfo.getBookid());
```

```
            int j = pstmt.executeUpdate();
            pstmt.close();
            String sql3 = "update readerinfo set borrownumber=(select count(*)"
               +"from borrowinfo where readerid=?   and returndate is null)"
               +"where readerid=?";
            pstmt = conn.prepareStatement(sql3);
            pstmt.setInt(1, borrowinfo.getReaderid());
            pstmt.setInt(2, borrowinfo.getReaderid());
            int k = pstmt.executeUpdate();
            if (i > 0 && j > 0 && k >=0) {
               flag = true;
            }
            pstmt.close();
            dbc.closed();
            } catch (Exception e) {e.printStackTrace();}
            finally{
               dbc.closed();
            }
            return flag;
         }
      }
```

7.5 项目小结

本项目讲解了JDBC连接数据库的基本知识，它提供了一种标准，使得应用程序可以通过JDBC API连接到关系型数据库，并使用SQL语句来完成对数据库中数据的操作，使数据库开发人员能够方便、简单地编写数据库相关的应用程序。本项目通过介绍JDBC访问数据库的方式，使读者了解了JDBC技术在应用程序与数据库之间起到了一个桥梁的作用，连接不同的关系型数据库需要对应不同的驱动程序，因而降低了应用程序与数据库的耦合性，提高了程序的可移植性和维护性。本项目详细讲解了JDBC操作数据库的5个步骤，包括加载JDBC驱动程序、创建数据库连接、创建和执行SQL语句、获得查询结果和关闭连接等过程。最后通过项目功能中JDBC的操作数据库方式的学习，为后续学习DAO设计模式的知识奠定良好的基础。

项目 8 MVC 和 DAO 设计模式

项目描述

在 Web 应用程序的开发过程中，JSP 和 Servlet 技术功能强大，应用广泛，是当前流行的动态网页技术。随着 Web 应用业务需求的增多，单纯采用 JSP 或 Servlet 技术开发 Web 项目，需要完成业务逻辑功能、控制功能流程和视图层的展示，使得系统的可维护性和可扩展性差。因此，将 JSP、Servlet 和 JavaBean 技术相结合，形成 MVC 的设计模式，使得程序功能耦合性降低，其功能各司其职，提高代码的重用性。在数据层的操作上，使 DAO 分层模式透明地分离了数据库与业务逻辑层，可以增加程序的可移植性。本项目将针对 MVC 和 DAO 设计模式的相关知识进行详细的讲解。

8.1 学习任务与技能目标

1. 学习任务

（1）设计模式的基本概念。
（2）MVC 组件关系。
（3）MVC 设计流程。
（4）MVC 设计模式优势。
（5）DAO 设计模式特性。
（6）DAO 设计模式的编程思想。
（7）DAO 设计模式的优势。
（8）MVC 和 DAO 设计模式的编程思想。

2. 技能目标

（1）了解 MVC 和 DAO 设计模式的基本概念。
（2）了解 MVC 和 DAO 设计模式的特性。

（3）掌握 MVC 和 DAO 的编程思想。

8.2　MVC 设计模式

任务 1：MVC 设计模式的特性

设计模式（Design Pattern）是一套被反复使用，代码开发和设计经验的总结。设计模式为某一类问题提供了一系列的解决方案，使用设计模式是为了可重用代码、让代码更容易被他人理解，保证代码的可维护性、可读性、稳健性及安全性。

MVC 设计模式是软件项目中常用的一种开发模式，全名是 Model—View—Controller，是模型（Model）—视图（View）—控制器（Controller）的缩写。它是一种软件设计典范，用一种业务逻辑、数据和界面显示分离的方法组织代码，将业务逻辑聚集到一个部件里面，在改进和个性化定制界面及用户交互的同时，不需要重新编写业务逻辑。

1. 模型

模型（Model）是应用系统的逻辑及数据处理模块，即用于业务流程和状态的处理及业务规则的制定。

业务模型有多种形式，其中很重要的一种模型是数据模型，数据模型主要指实体对象的数据保存持久化。数据模型主要用于接收视图请求的数据，并返回最终的处理结果。

2. 视图

视图（View）代表用户交互的界面，用于形成客户端显示，对于 Web 应用来说，可以是 HTML、XHTML、XML 或 JSP 等界面。

视图的处理主要用于用户的请求，以及数据的采集和处理，通常视图的功能是将发出请求交给控制器进行处理，或者视图接收来自模型的数据进行显示。

3. 控制器

控制器（Controller）调配整个应用流程，充当指挥员的角色，它的作用可以理解为从用户接收请求，将模型与视图匹配在一起，共同完成用户的请求。

控制层就是一个分发器，它决定了选择什么样的模型、选择什么样的视图、可以完成什么样的用户请求，控制层并不做任何数据处理，它主要用于接收用户请求，并把用户信息传递给模型，告诉模型做什么，选择符合要求的视图返回给用户。

任务 2：MVC 的组件关系

MVC 设计模式将 Java Web 系统组件中 JSP、Servlet 和 JavaBean 分为 3 种模块。由前面所学内容可以知道，JSP 技术是在 HTML 文件中插入 Java 程序段和 JSP 标记，从而形成 JSP 文件；JavaBean 组件是一些可移植、可重用，并可以组装到应用程序中的 Java 类；Servlet 是一种独立于操作系统平台和网络传输协议的服务器端的 Java 应用程序，它用来扩展服务器的功能，主要用于请求信息获取、会话跟踪、功能跳转等。JSP、JavaBean 和 Servlet 3 个组件之间的关系如图 8-1 所示。

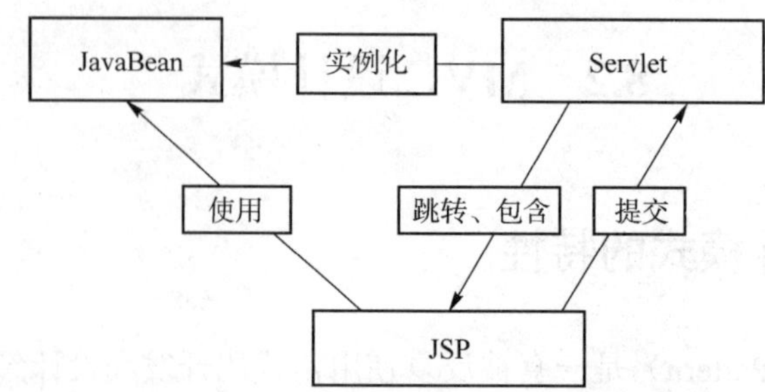

图 8-1　JSP、JavaBean 和 Servlet 组件之间关系

JSP、JavaBean 和 Servlet 之间关系体现在以下几点。

（1）JSP 可以将表单或链接的信息提交给 Servlet。

（2）Servlet 具有请求转发（包含）或重定向功能，可以跳转至 JSP 进行显示处理。

（3）Servlet 是运行在服务器端的 Java 类，因此可以实例化 JavaBean，使用 JavaBean 中的 Getter 或 Setter 方法传递数据信息。

（4）JSP 中提供 3 个与 JavaBean 相关的组件，包括<jsp:useBean>用于实例化 JavaBean、<jsp:getProperty>获取 JavaBean 信息、<jsp:setProperty>设置 JavaBean 信息，因此 JSP 可以使用 JavaBean。

由图可以看出，JSP 和 Servlet 都指向 JavaBean，JavaBean 是一个独立的用于数据封装的 Java 类，用于封装应用程序状态，或者可以设置独立的业务逻辑，因此它可以作为 Model 模型来使用。JSP 主要用于完成人机交互的界面显示功能，因此 JSP 作为 View 视图层使用。Servlet 侧重于执行业务逻辑，并负责程序的流程控制，因此 Servlet 是一个 Controller 控制器，3 个组件功能如图 8-2 所示。

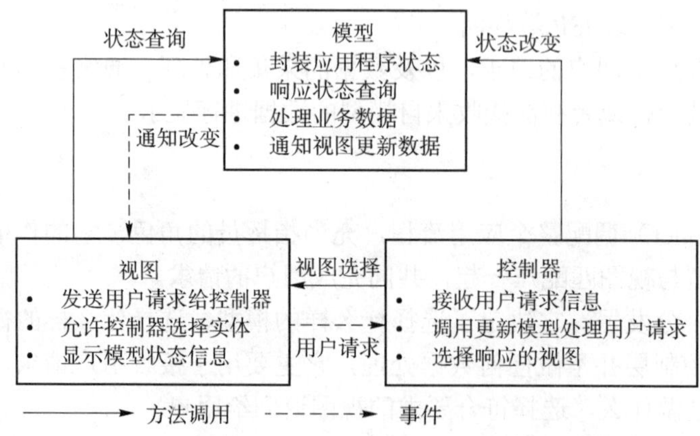

图 8-2　JSP、Servlet 和 JavaBean 组件功能

因此，使用 MVC 设计模式的目的是将模型和视图实现代码相分离，从而使同一个程序可以使用不同的表现形式，控制层存在的目的是保证模型和视图相同步，一旦模型改变，视图应该同步更新。

任务 3：MVC 的设计流程

在项目设计流程中，MVC 设计模式如图 8-3 所示。

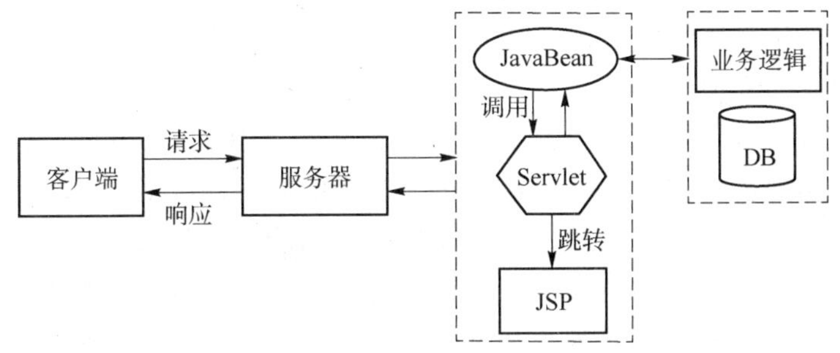

图 8-3　MVC 设计模式

MVC设计模式的执行过程如下。

（1）用户通过客户端浏览器向服务器发出请求。

（2）服务器接收用户的请求后调用控制器Servlet。

（3）Servlet控制器根据用户请求决定用什么样的业务逻辑来处理请求，Servlet控制器将请求转发给一个相应的业务组件处理。

（4）JavaBean模型中包含处理该用户请求的所有业务组件，并且执行用户所需要的全部数据的存取，代表用户查询出的任何数据被打包返回控制器。

（5）Servlet控制器接收从JavaBean模型中返回的数据，选择显示数据的相应视图，并将视图返回到客户端。

任务 4：MVC 设计模式的优势

应用程序使用MVC设计模式开发和实现，主要包含以下优势。

1. 有利于代码复用

MVC框架模式的分层开发模式，有利于实现代码及组件的复用。

2. 有利于开发人员分工

在MVC框架模式中，彻底地把应用程序的界面设计与程序设计分离，有利于人员分工。

3. 有利于降低程序模块间的耦合

在MVC框架模式中，3个层次之间是相互独立的，每层负责实现具体的功能，如果某层发生了改变不会影响其他层的正常使用，便于程序的维护与扩展。

8.3　DAO 设计模式

任务 5：DAO 设计模式的特性

MVC 与 DAO 是两种不同的设计模式，MVC 使得业务逻辑的数据和处理方法与页面展示分离，DAO 则主要是对数据层的操作。

DAO（Data Access Object）设计模式是属于 Java Web 开发中数据持久层的操作，它实现了业务逻辑层与数据处理底层之间的分离。当 DAO 与 MVC 一起使用时，DAO 将对数据的处理方法从 MVC 的模型 Model 中分离出来，这样更有利于代码复用，大大降低了程序块间的耦合性，便于程序的维护和扩展。

一个完整的 DAO 设计模式主要包括数据库连接类 DBConnection、实体类 JavaBean、DAO 接口、DAO 实现类和 DAO 静态工厂类。由此可见，DAO 设计模式采用面向接口的编程思想进行层次划分。面向接口的编程在开发程序的功能时先定义接口，接口中定义约定好的功能方法声明，通过实现类实现该接口具体的功能，以此完成项目的要求。项目随着时间的不断变化，功能要进行升级或完善，开发人员只需要创建不同的新类重新实现该接口中所有方法，就可以达到系统升级和扩展的目的。

任务 6：DAO 设计模式的编程思想

在 DAO 设计模式中，数据层的操作功能主要包括以下内容。

1. DBConnection 数据库连接类

（1）加载驱动程序，获取数据库连接对象。

（2）关闭数据库连接对象。

通过使用数据库连接类，可以大大简便开发，在需要访问数据库时，只需调用该类的相关方法即可，不必再进行重复编码工作。

2. JavaBean 类

（1）封装与数据库表中字段对应的属性。

（2）提供了 Setter 和 Getter 方法设置并获取该类中的属性。

（3）一个表对应一个 JavaBean。

（4）根据程序需求，也可定义更多属性。

3. DAO 接口

（1）每个表的功能对应一个接口。

（2）DAO 接口中定义了所有的用户操作，由于它是接口，所以定义的都是抽象方法，需要实现类去具体实现这些方法。

4. DAO 实现类

（1）DAO 实现类要通过调用数据库连接类获得驱动程序，并打开数据库连接对象。

（2）DAO 实现类要实现 DAO 接口中所有抽象方法，完成数据库的基本操作。

（3）DAO 实现类要通过数据库连接类关闭数据连接对象。

在 DAO 实现类中设计 SQL 语句，并通过数据库连接类操作 SQL 语句，DAO 实现类往往与具体的底层数据库关系较为紧密。

5. DAO 静态工厂类

（1）静态工厂类的定义。

静态工厂模式是最常用的实例化对象模式，它是用工厂方法代替 new 操作的一种模式。使用静态工厂方法，结合面向对象多态性的特点，通过 DAO 接口可以完成 DAO 实现类对象的创建，即外界要使用实现类的对象时，直接通过工厂来获取即可，不需要使用 new 关键字创建对应的对象。即工厂模式就相当于创建实例对象的 new，需要根据类 Class 生成实例对象。工厂类 DAOFactory 创建方式如下：

```
public class DAOFactory {
    public static DAO 接口类 get***Instance() {
        return new DAO 实现类();    }
}
```

（2）静态方法的调用。

在 DAO 实现类中通过调用静态方法，得到 DAO 接口类的对象，由于工厂类中返回的是实现类的对象，因此通过面向对象的多态性可以知道，接口类的对象指向实现类的对象，在调用方法时，执行的是实现类的功能。其具体操作的方法如下：

```
DAOFactory.get***Instance().方法名();
```

任务 7：DAO 设计模式的优势

应用程序的数据层使用DAO设计模式设计，主要包含以下优势。

1. 数据存储逻辑的分离

通过对数据访问逻辑进行抽象，为上层机构提供了抽象化的数据访问接口。业务层无须关心具体的数据操作，一方面避免了业务代码中混杂JDBC调用语句，使得业务逻辑实现更加清晰；另一方面，由于数据访问接口与数据访问实现分离，使得开发人员的专业分工明确。某些精通数据库操作技术的开发人员可以根据接口提供数据库访问的最优化实现，而精通业务的开发人员，则可以抛开数据层烦琐细节，专注于业务逻辑编码。

2. 数据访问底层实现的分离

DAO设计模式通过将数据访问方式分为接口层和实现层，从而分离了数据使用和数据访问的实现细节。这意味着业务层与数据访问底层细节无关，也就是说，可以在保持上层机构不变的情况下，通过切换底层实现来修改数据访问的具体机制，因此可以通过替换数据访问层的实现，将系统部署在不同的数据库平台之上。

3. 资源管理和调度的分离

在数据库操作中，资源的管理和调度是一个非常值得关注的主题。大多数系统的性能瓶颈往往并非集中于业务逻辑处理本身，在系统涉及的各种资源调度过程中，往往存在着最大的性能黑洞，而数据库作为业务系统中最重要的系统资源，自然也成为关注的焦点。DAO模式将数据访问逻辑从业务逻辑中脱离开来，使得在数据访问层实现统一的资源调度成为可能，通过数据库连接池以及各种缓存机制的配合使用，往往可以在保持上层系统不变的情况下，大幅度提升系统性能。

4. 数据抽象

在直接基于JDBC调用的代码中，DAO设计模式通过对底层数据的封装，为业务层提供一个面向对象的接口，使得业务逻辑开发人员可以面向业务中的实体进行编码。通过引入DAO模式，业务逻辑更加清晰，且富于形象性和描述性，这将为系统日后的维护带来极大的便利。

8.4 MVC 和 DAO 设计模式

任务 8：MVC 和 DAO 设计模式的编程思想

设计 Web 项目，可以按照分层思想进行程序设计，为了降低系统耦合性，提高系统的可扩展性和灵活性，使用 MVC 和 DAO 设计模式进行分层的划分，可以实现表现层、控制层、业务层和数据层的分离，使得每一层职责明确、层次清晰。将 MVC 和 DAO 设计模式相结合完成项目的开发，应包括以下 7 个部分，具体内容如下。

（1）数据库连接类 DBConnection。

加载驱动，获取连接对象，并关闭连接对象。

（2）JavaBean 实体类。

封装与数据库表中字段对应的属性，并设置 Setter 和 Getter 方法。需要注意的是，如果界面中有更多信息需要传递，也可设置其他相关属性。

（3）DAO 接口。

DAO 接口中定义一个表的所有操作的抽象方法。

（4）DAOImpl 实现类。

DAO 实现类通过数据库连接类连接数据库，并实现 DAO 接口中所有抽象方法。

（5）DAOFactory 工厂类。

DAO 工厂类通过静态方法来获得 DAO 实现类的实例对象。

（6）JSP 视图层文件。

JSP 请求一定到达 Servlet，需要时，JSP 可以获取到 JavaBean 或 Servlet 会话中的信息。

（7）Servlet 控制器文件。

① 获取用户请求信息（如果需要时）。

② 设置 JavaBean（根据需求，将表单信息或者某些数据设置到 JavaBean）。

③执行 DAO，即通过工厂类操作 DAO 实现类的具体功能。

④ 设置会话跟踪（如果需要时）。

⑤ 跳转，采用请求转发（包含）或重定向方式。

根据项目文件的内容，其编程的思想总结如下。

（1）用户的请求提交到 Servlet。

（2）Servlet 接收请求后，根据项目需求，可以完成以下功能。

① 获取用户请求信息。

② 将表单或某些请求数据设置到 JavaBean 中。

③ 执行工厂类的静态方法，获得实现类的对象，调用实现类的方法，完成数据功能的操作。

④ 设置会话跟踪。

⑤ 使用请求转发或重定向进行跳转。

（3）JSP 获取 JavaBean 或者会话跟踪中的数据。

由此可见，MVC 和 DAO 设计模式将业务逻辑处理功能进一步细分，虽然前期开发代码量有所增加，但在大中型项目中的优势明显，它将业务对象和数据实现彻底分离，可移植性和可维护性大大增强，简化了业务模块，提高了系统整体可读性和开发效率。

MVC 和 DAO 设计模式也有一定的弊端，存在 DAO 对象和 SQL 语句嵌套和耦合的缺陷；并且 MVC 只是一个抽象的设计概念；用来实现 MVC 和 DAO 设计模式的技术可能都是相同的，但各公司会有自己的架构，它的流程及设计却是不同的，并且从开发观点上说，需要花费更多的时间在系统设计上。

8.5 项 目 功 能

任务 9：用户登录功能的实现

根据项目需求，使用 MVC 和 DAO 设计模式结合的方式开发项目，用户登录功能的文件说明如表 8-1 所示。

表 8-1 用户登录功能的文件说明

包 名	类 名	描 述
dbc	DBConnection.java	数据连接类
model	Users.java	用户实体类
dao	UsersDAO.java	用户接口类
impl	UsersDAOImpl.java	用户实现类
factory	DAOFactoy.java	工厂类
servlet	LoginServlet.java	登录功能控制器类
WebRoot	login.jsp	登录界面
	banner.jsp	信息栏界面
	copyright.jsp	版权信息界面
	reader_navigation.jsp	读者导航条界面
	navigation.jsp	管理员导航条界面
	JS/menu.js	导航条菜单选项文件
	main.jsp	主界面

用户接口文件 UsersDAO 主要完成登录功能，该接口的方法说明如表 8-2 所示。

表 8-2 UsersDAO 接口的方法说明

方法功能	方法声明
登录	public boolean findLogin(Users users) throws Exception;

实现代码如下。

（1）数据库连接类 DBConnection.java，见程序 7-5。

（2）实体类 Users.java，见程序 5-3。

（3）接口类UsersDAO.java。

程序8-1：UsersDAO.java

```
package dao;
import model.*;
public interface UsersDAO {
    public boolean findLogin(Users users) throws Exception;
}
```

（4）实现类 UsersDAOImpl.java。

程序 8-2：UsersDAOImpl.java

```
package impl;
public class UsersDAOImpl implements UsersDAO {
   public boolean findLogin(Users users) throws Exception {
      /* 代码参见程序 7-6：UsersDBOperation.java
      /* findLogin(Users users)方法
      }
}
```

（5）工厂类 DAOFactory.java。

程序8-3：DAOFactoy.java

```
package factory;
import impl.*; import dao.*;
public class DAOFactory {
public static UsersDAO getUsersDAOInstance(){
      return new UsersDAOImpl();
   }
}
```

（6）控制器类 LoginServlet.java，见程序 6-16。

完成执行数据库操作——登录的对应代码如下：

```
DAOFactory.getUserDAOInstance().findLogin(users);
```

（7）视图层文件。

① login.jsp，见程序4-6。

修改代码如下。

```
<form method="post" action="LoginServlet">
```

② banner.jsp，见程序4-7。

修改代码如下。

当前登录用户：

```
<%=session.getAttribute("uname")%>
```

或者当前登录用户：

```
${sessionScope.uname}
```

③ copyright.jsp，见程序4-8。

④ reader_navigation.jsp，见程序4-9。

⑤ navigation.jsp，见程序4-10。

⑥ menu.js，见程序4-11。

修改代码如下：

```
<a href=ReaderTypeQueryAllServlet>读者类型管理</a>
<a href=ReaderInofQueryAllServlet>读者信息管理</a>
<a href=BookTypeQueryAllServlet>图书类型管理</a>
<a href=BookInfoQueryAllServlet>图书信息管理</a>'
<a href=BorrowServlet>图书借阅</a>
<a href=BorrowRenewServlet>图书续借</a>
<a href=BorrowBackServlet>图书归还</a>'
```

⑦ main.jsp，见程序4-12。

修改代码如下：

```
<%
if(((Integer)session.getAttribute("limit"))==2){
%>
<%@include file="reader_navigation.jsp" %>
<%
}else{
%>
<%@include file="navigation.jsp"%>
<%
  }
%>
```

或者：

```
<c:if test="${sessionScope.limit==2}">
  <%@include file="reader_navigation.jsp"%>
</c:if>
<c:if test="${sessionScope.limit==1}">
  <%@include file="navigation.jsp" %>
</c:if>
```

任务 10：图书类型功能的实现

图书类型功能的文件说明如表 8-3 所示。

表 8-3　图书类型功能的文件说明

包　名	类　名	描　述
dbc	DBConnection.java	数据连接类
model	BookType.java	图书类型实体类
dao	BookTypeDAO.java	图书类型接口类

续表

包名	类名	描述
impl	BookTypeDAOImpl.java	图书类型实现类
factory	DAOFactoy.java	工厂类
servlet	BookTypeQueryAllServlet.java	图书类型查询全部的控制器
	BookTypeAddServlet.java	图书类型添加的控制器
	BookTypeDeleteServlet.java	图书类型删除的控制器
	BookTypeFindByIdServlet.java	根据图书类型编号查询图书类型的控制器
	BookTypeUpdateServlet.java	图书类型修改的控制器
WebRoot	booktype_queryall.jsp	查询全部图书类型界面
	booktype_add.jsp	添加图书类型界面
	booktype_update.jsp	修改图书类型界面

图书类型接口文件 BookTypeDAO 主要完成图书类型的查询全部信息、添加、删除和修改功能，该接口的方法说明如表 8-4 所示。

表 8-4　BookTypeDAO 接口的方法说明

方法功能	方法声明
查询全部图书类型	public List<BookType> findAllBookType() throws Exception;
添加图书类型	public boolean doCreate(BookType booktype) throws Exception;
删除图书类型	public boolean doDelete(int booktypeid) throws Exception;
根据图书类型编号查询图书类型信息	public BookType findBookTypeById(int booktypeid) throws Exception;
修改图书类型	public boolean doUpdate(BookType booktype)throws Exception;

实现代码如下。

（1）数据库连接类DBConnection.java，见程序7-5。

（2）实体类 BookType.java，见程序 5-4。

（3）接口类BookTypeDAO.java。

程序8-4：BookTypeDAO.java

```
package dao;
import model.*;
public interface BookTypeDAO {
    public List<BookType> findAllBookType() throws Exception ;
    public boolean doCreate(BookType booktype) throws Exception;
    public boolean doDelete(int booktypeid) throws Exception;
    public BookType findBookTypeById(int booktypeid) throws Exception;
    public boolean doUpdate(BookType booktype) throws Exception;
}
```

（4）实现类 BookTypeDAOImpl.java。

程序 8-5：BookTypeDAOImpl.java

```
package impl;
public class BookTypeDAOImpl implements BookTypeDAO {
  public List<BookType> findAllBookType() throws Exception{
    /* 代码参见程序 7-7：BookTypeDBOperation.java
    /* findAllBookType()方法
  }
  public boolean doCreate(BookType booktype) throws Exception{
    /* 代码参见程序 7-7：BookTypeDBOperation.java
    /* doCreate(BookType booktype)方法
  }
  public boolean doDelete(int booktypeid) throws Exception{
    /* 代码参见程序 7-7：BookTypeDBOperation.java
    /* doDelete(int booktypeid)方法
  }
  public BookType findBookTypeById(int booktypeid)throws Exception{
    /* 代码参见程序 7-7：BookTypeDBOperation.java
    /* findBookTypeById(int booktypeid)方法
  }
  public boolean doUpdate(BookType booktype) throws Exception{
    /* 代码参见程序 7-7：BookTypeDBOperation.java
    /* doUpdate(BookType booktype)方法
  }
}
```

（5）工厂类 DAOFactory.java，见程序 8-3。

增加以下代码：

```
public static BookTypeDAO getBookTypeDAOInstance(){
    return new BookTypeDAOImpl();
}
```

（6）控制器类。

① BookTypeQueryAllServlet.java，见程序6-17。

完成执行数据库操作——查询全部图书类型的对应代码如下：

```
List<BookType> allbooktype
    =DAOFactory.getBookTypeDAOInstance().findAllBookType();
```

② BookTypeAddServlet.java，见程序 6-18。

完成执行数据库操作——添加图书类型的对应代码如下：

```
DAOFactory.getBookTypeDAOInstance().doCreate(bookType);
```

③ BookTypeDeleteServlet.java，见程序 6-19。

完成执行数据库操作——删除图书类型的对应代码如下：

```
DAOFactory.getBookTypeDAOInstance().doDelete(booktypeid);
```

④ BookTypeFindByIdServlet.java，见程序 6-20。

完成数据库操作——根据图书类型编号查询图书类型信息的对应代码如下：

```
BookType booktype =DAOFactory.getBookTypeDAOInstance()
        .findBookTypeById(booktypeid);
```

⑤ BookTypeUpdateServlet.java，见程序 6-21。

完成执行数据库操作——修改图书类型的对应代码如下：

```
DAOFactory.getBookTypeDAOInstance().doUpdate(booktype);
```

（7）视图层文件。

① booktype_queryall.jsp，见程序4-13。

修改代码如下：

```
<%@page language="java" import="java.util.*,model.*"
pageEncoding="GB18030" contentType="text/html;charset=GB18030"%>
<html>
<head>
  <title>查询图书全部信息界面</title>
</head>
<body>
<%@include file="banner.jsp"%>
<%@include file="navigation.jsp"%>
<a href="booktype_add.jsp">添加图书类型信息</a>
<table>
  <tr>
    <td>图书类型编号</td>
    <td>图书类型名称</td>
    <td>修改</td>
    <td>删除</td>
  </tr>
  <%
  List<BookType> allbooktype=
        (ArrayList)session.getAttribute("allbooktype");
  for(int i=0;i<allbooktype.size();i++){
        BookType booktype=(BookType)allbooktype.get(i);
  %>
  <tr>
    <td><%=booktype.getBooktypeid()%></td>
    <td><%=booktype.getBooktypename()%></td>
    <td><a href="BookTypeFindByIdServlet?
          booktypeid=<%=booktype.getBooktypeid()%>">修改</a>
    </td>
    <td><a href="BookTypeDeleteServlet?
```

```
            booktypeid=<%=booktype.getBooktypeid()%>">删除</a>
        </td>
      </tr>
<%
    }
%>
</table>
<%@ include file="copyright.jsp"%></td>
</body>
</html>
```

② booktype_add.jsp，见程序4-14。

修改代码如下：

```
<form method="post" action="BookTypeAddServlet">
```

③ booktype_update.jsp，见程序4-15。

修改代码如下：

```
<%@page language="java" import="java.util.*,model.*"
pageEncoding="GB18030" contentType="text/html;charset=GB18030"%>
<html>
<head>
  <title>图书类型修改界面</title>
</head>
<body>
  <%
  BookType booktype=
      (BookType)session.getAttribute("booktype");
  %>
  <form method="post" action=" BookTpeUpdateServlet">
  <input name="booktypeid" type="hidden"
          value="<%=booktype.getBooktypeid()%>"><br>
  图书类型名称：
  <input name="booktypename" type="text"
          value="<%=booktype.getBooktypename()%>"><br>
  <input type="submit" value="保存">
  <input type="reset" value="重置">
  <input type="button" onClick="window.close()" value="关闭">
  </form>
</html>
```

任务 11：图书信息功能的实现

图书信息功能的文件说明如表 8-5 所示。

表 8-5　图书信息功能的文件说明

包　名	类　名	描　述
dbc	DBConnection.java	数据连接类
model	BookInfo.java	图书信息实体类
dao	BookInfoDAO.java	图书信息接口类
impl	BookInfoDAOImpl.java	图书信息实现类
factory	DAOFactoy.java	工厂类
servlet	BookInfoQueryAllServlet.java	图书信息查询全部的控制器
	BookInfoAddServlet.java	图书信息添加的控制器
	BookInfoDeleteServlet.java	图书信息删除的控制器
	BookInfoFindByIdServlet.java	根据图书编号查询图书信息的控制器
	BookInfoUpdateServlet.java	图书信息修改的控制器
WebRoot	bookinfo_queryall.jsp	查询全部图书信息界面
	bookinfo_add.jsp	添加图书信息界面
	bookinfo_update.jsp	修改图书信息界面

图书信息接口文件 BookInfoDAO 主要完成查询全部图书信息、添加、删除和修改功能，该接口的方法说明如表 8-6 所示。

表 8-6　BookInfoDAO 接口的方法说明

方法功能	方法声明
查询全部图书信息	public List<BookInfo> findAllBookInfo() throws Exception;
添加图书信息	public boolean doCreate(BookInfo bookinfo) throws Exception;
删除图书信息	public boolean doDelete(int bookid) throws Exception;
根据图书编号查询图书信息	public BookInfo findBookInfoById(int bookid) throws Exception;
修改图书信息	public boolean doUpdate(BookInfo booktinfo) throws Exception;

实现代码如下。

（1）数据库连接类DBConnection.java，见程序7-5。

（2）实体类 BookInfo.java，见程序 5-5。

（3）接口类BookInfoDAO.java。

程序8-6：BookInfoDAO.java

```
package dao;
import model.*;
public interface BookInfoDAO {
    public List<BookInfo> findAllBookInfo() throws Exception;
    public boolean doCreate(BookInfo bookinfo) throws Exception;
    public boolean doDelete(int bookid) throws Exception;
    public BookInfo findBookInfoById(int bookid) throws Exception;
    public boolean doUpdate(BookInfo bookinfo) throws Exception;
}
```

（4）实现类 BookInfoDAOImpl.java。

程序 8-7：BookInfoDAOImpl.java

```
package impl;
public class BookInfoDAOImpl implements BookInfoDAO {
  public List<BookInfo> findAllBookInfo() throws Exception{
    /* 代码参见程序 7-8：BookInfoDBOperation.java
    /* findAllBookInfo()方法
  }
  public boolean doCreate(BookInfo bookinfo) throws Exception{
    /* 代码参见程序 7-8：BookInfoDBOperation.java
    /* doCreate(BookInfo bookinfo)方法
  }
  public boolean doDelete(int bookid) throws Exception{
    /* 代码参见程序 7-8：BookInfoDBOperation.java
    /* doDelete(int bookid)方法
  }
  public BookInfo findBookInfoById(int bookid) throws Exception{
    /* 代码参见程序 7-8：BookInfoDBOperation.java
    /* findBookInfoById(int bookid) 方法
  }
  public boolean doUpdate(BookInfo bookinfo) throws Exception {
    /* 代码参见程序 7-8：BookInfoDBOperation.java
    /* doUpdate(BookInfo bookinfo) 方法
  }
}
```

（5）工厂类 DAOFactory.java，见程序 8-3。

增加代码如下：

```
public static BookInfoDAO getBookInfoDAOInstance(){
    return new BookInfoDAOImpl();
}
```

（6）控制器类。

① BookInfoQueryAllServlet.java，见程序6-22。

完成执行数据库操作——查询全部图书信息的对应代码如下：

```
List<BookInfo> allbookinfo =
    DAOFactory.getBookInfoDAOInstance().findAllBookInfo();
```

完成执行数据库操作——查询全部图书类型的对应代码如下：

```
List<BookType> allbooktype =
    DAOFactory.getBookTypeDAOInstance().findAllBookType();
```

② BookInfoAddServlet.java，见程序 6-23。

完成执行数据库操作——添加图书信息的对应代码如下：

```
DAOFactory.getBookInfoDAOInstance().doCreate(bookinfo);
```

③ BookInfoDeleteServlet.java，见程序 6-24。

完成执行数据库操作——删除图书信息的对应代码如下：

```
DAOFactory.getBookInfoDAOInstance().doDelete(bookid);
```

④ BookInfoFindByIdServlet.java，见程序 6-25。

完成执行数据库操作——根据图书编号查询图书信息的对应代码如下：

```
BookInfo bookinfo
    =DAOFactory.getBookInfoDAOInstance().findBookInfoById(bookid)
```

⑤ BookInfoUpdateServlet.java，见程序 6-26。

完成执行数据库操作——修改图书信息的对应代码如下：

```
DAOFactory.getBookInfoDAOInstance().doUpdate(bookinfo);
```

（7）视图层文件。

① bookinfo_queryall.jsp，见程序4-16。

修改代码如下：

```
<%@page language="java" import="java.util.*,model.*"
pageEncoding="GB18030" contentType="text/html;charset=GB18030"%>
  <html>
  <head><title>查询全部图书信息</title></head>
  <body>
    <%@include file="banner.jsp" %>
    <%@include file="navigation.jsp" %>
    <a href="bookinfo_add.jsp" >添加图书信息</a> <br>
    <table>
    <tr>
      <td>图书编号</td>
      <td>图书名称</td>
      <td>图书类型</td>
      <td>作者</td>
      <td>出版社</td>
      <td>ISBN</td>
      <td>价格</td>
      <td>书架</td>
      <td>现存量</td>
      <td>总库存</td>
      <td>修改</td>
      <td>删除</td>
    </tr>
    <%
    List allbookinfo =(ArrayList) session.getAttribute("allookinfo");
    for(int i=0;i<allbookinfo.size();i++){
```

```
            BookInfo bookinfo = (BookInfo)allbookinfo.get(i);
        %>
        <tr>
            <td><%=bookinfo.getBookid() %></td>
            <td><%=bookinfo.getBookname() %></td>
            <td><%=bookinfo.getBooktypename() %></td>
            <td><%=bookinfo.getAuthor()%></td>
            <td><%=bookinfo.getPubname()%></td>
            <td><%=bookinfo.getIsbn()%></td>
            <td><%=bookinfo.getPrice()%></td>
            <td><%=bookinfo.getCasename()%></td>
            <td><%=bookinfo.getNownumber()%></td>
            <td><%=bookinfo.getTotal()%></td>
            <td><a href=
                "BookInfoFindByIdServlet?
                bookid=<%=bookinfo.getBookid()%>
                &booktypename=<%=bookinfo.getBooktypename()%>
                &pubname=<%=bookinfo.getPubname() %>
                &casename=<%=bookinfo.getCasename()%>">修改
              </a>
        </td>
        <td><a href="BookInfoDeleteByIdServlet?
                bookid=<%=bookinfo.getBookid()%>">删除
              </a>
        </td>
      </tr>
      <%
    }
    %>
    </table>
    <%@ include file="copyright.jsp"%></td>
    </body>
    </html>
```

② bookinfo_add.jsp，见程序4-17。

修改代码如下：

```
    <%@page language="java" import="java.util.*" pageEncoding="GB18030"
          contentType="text/html;charset=GB18030"%>
    <html>
    <head><title>图书信息添加界面</title></head>
    <body>
```

```
<form method="post" action="BookInfoAddServlet">
图书编号：<input name="bookid" type="text"><br>
图书名称：<input name="bookname" type="text"><br>
图书类型：
<%
List<BookType> allbooktype
   =(ArrayList)session.getAttribute("allbooktype");
for(int i=0;i<allbooktype.size();i++){
BookType booktype= (BookType)allbooktype.get(i);
%>
<option value="<%=booktype1.getBooktypename()%>">
   <%=booktype.getBooktypename()%>
</option>
<%
}
%>
</select><br>
作者：<input name="author" type="text"><br>
出版社：
<select name="pubname">
<option value="清华大学出版社">清华大学出版社</option>
<option value="人民邮电出版社">人民邮电出版社</option>
<option value="北京理工大学出版社">北京理工大学出版社</option>
</select><br>
ISBN：<input name="isbn" type="text" > <br>
价格：<input name="price" type="text">(元) <br>
现存量：<input name="nownumber" type="text">(本) <br>
库存量：<input name="total" type="text">(本) <br>
书架：<select name="casename">
         <option value="A">A</option>
         <option value="B">B</option>
         <option value="C">C</option>
      </select><br>
<input type="submit" value="保存">
<input type="button" value="返回" onClick="history.back()"><br>
</form>
<%@ include file="copyright.jsp"%></td>
</body>
</html>
```

③ bookinfo_update.jsp，见程序4-18。

修改代码如下：

```
<%@page language="java" import="java.util.*,model.*"
pageEncoding="GB18030" contentType="text/html;charset=GB18030"%>
  <html>
  <head><title>图书信息修改界面</title></head>
  <body>
  <% BookInfo bookinfo=(BookInfo)session.getAttribute("bookinfo"); %>
  <form method="post" action="BookInfoUpdateServlet">
    <input name="bookid" type="hidden"
      value="<%=bookinfo.getBookid()%>">
    图书名称：<input name="bookname" type="text"
      value="<%=bookinfo.getBookname()%>" readonly><br>
    图书类型：  <select name="booktypeid">
    <%
    List<BookType> allbooktype
        =(ArrayList)session.getAttribute("allbooktype");
    for(int i=0;i<allbooktype.size();i++){
    BookType booktype = (BookType)allbooktype.get(i);
    String booktypename=(String)session.getAttribute("booktypename");
    if(booktype.getBooktypename().equals(booktypename)){
    %>
    <option value="<%=booktype.getBooktypename()%>" selected="selected">
        <%=booktype.getBooktypename()%>
      </option>
    <%
    } else{
    %>
    <option value="<%=booktype.getBooktypename()%>">
      <%=booktype.getBooktypename()%>
    </option>
    <%      }
      }
    %>
    </select><br>
    作者：<input name="author" type="text"
              value="<%=bookinfo.getAuthor()%>"><br>
    出版社：<select name="pubname">
    <option value="<%=bookinfo.getPubname()%>">
      <%=bookinfo.getPubname()%>
```

```
            </option>
            <option value="清华大学出版社">清华大学出版社</option>
            <option value="人民邮电出版社">人民邮电出版社</option>
            <option value="北京理工大学出版社">北京理工大学出版社</option>
            </select><br>
            ISBN：<input name="isbn" value="<%=bookinfo.getIsbn()%>"><br>
            价格：<input name="price" type="text"
                    value="<%=bookinfo.getPrice()%>">(元)<br >
            现存量：<input name="nownumber" type="text"
                    value=" <%=bookinfo.getNownumber() %> ">(本) </br>
            库存量：<input name="total" type="text"
                    value=" <%=bookinfo.getTotal() %> ">(本) </br>
        书架：<select name="casename">
                    <option value="<%=bookinfo.getCasename() %>">
                    <%=bookinfo.getCasename() %>
                </option>
                <option value="A">A</option>
                <option value="B">B</option>
                <option value="C">C</option>
            </select>
            <input type="submit" value="保存">
        <input type="button" value="返回" onClick="history.back()"><br>
    </form>
    </body>
    </html>
```

任务 12：读者类型功能的实现

读者类型功能的文件说明如表 8-7 所示。

表 8-7　读者类型功能的文件说明

包　名	类　名	描　述
dbc	DBConnection.java	数据连接类
model	ReaderType.java	读者类型实体类
dao	ReaderTypeDAO.java	读者类型接口类
impl	ReaderTypeDAOImpl.java	读者类型实现类
factory	DAOFactoy.java	工厂类
servlet	ReaderTypeQueryAllServlet.java	读者类型查询全部的控制器
	ReaderTypeAddServlet.java	读者类型添加的控制器
	ReaderTypeDeleteServlet.java	读者类型删除的控制器
WebRoot	readertype_queryall.jsp	查询全部读者类型界面
	readertype_add.jsp	添加读者类型界面

读者类型接口文件 ReaderTypeDAO 主要完成读者类型的查询全部信息、添加和删除功能，该接口的方法说明如表 8-8 所示。

表 8-8 ReaderTypeDAO 接口的方法说明

方法功能	方法声明
查询全部读者类型	public List<ReaderType> findAllReaderType()throws Exception;
添加读者类型	public boolean doCreate(ReaderType readertype) throws Exception;
删除读者类型	public boolean doDelete(int readertypeid) throws Exception;

实现代码如下。

（1）数据库连接类DBConnection.java，见程序7-5。

（2）实体类 ReaderType.java，见程序 5-6。

（3）接口类ReaderTypeDAO.java。

程序8-8：ReaderTypeDAO.java

```
package dao;
import model.*;
public interface ReaderTypeDAO {
  public List<ReaderType> findAllReaderType()throws Exception;
  public boolean doCreate(ReaderType readertype) throwsException;
  public boolean doDelete(int readertypeid) throws Exception;
}
```

（4）实现类 ReaderTypeDAOImpl.java。

程序 8-9：ReaderTypeDAOImpl.java

```
package impl;
public class ReaderTypeDAOImpl implements ReaderTypeDAO{
  public List<ReaderType> findAllReaderType() throws Exception{
    /* 代码参见程序 7-9：ReaderTypeDBOperation.java
    /* findAllReaderType()方法
  }
  public boolean doCreate(ReaderType readertype) throwsException{
    /* 代码参见程序 7-9：ReaderTypeDBOperation.java
    /* doCreate(ReaderType readertype)方法
  }
  public boolean doDelete(int readertypeid) throws Exception{
    /* 代码参见程序 7-9：ReaderTypeDBOperation.java
    /* doDelete(int readertypeid)方法
  }
}
```

（5）工厂类 DAOFactory.java，见程序 8-3。

增加代码如下：

```
public static ReaderTypeDAO getReaderTypeDAOInstance(){
```

```
        return new ReaderTypeDAOImpl();
    }
```

（6）控制器类。

① ReaderTypeQueryAllServlet.java，见程序6-27。

完成执行数据库操作——查询全部读者类型的对应代码如下：

```
List allreadertype
        =DAOFactory.getReaderTypeDAOInstance().findAllReaderType();
```

② ReaderTypeAddServlet.java，见程序 6-28。

完成执行数据库操作——添加读者类型的对应代码：

```
DAOFactory.getReaderTypeDAOInstance().doCreate(readertype);
```

③ ReaderTypeDeleteServlet.java，见程序 6-29。

完成执行数据库操作——删除读者类型的对应代码如下：

```
DAOFactory.getReaderTypeDAOInstance().doDelete(readertypeid);
```

（7）视图层文件。

① readertype_queryall.jsp，见程序4-19。

修改代码如下：

```
<%@ page language="java" import="java.util.*,model.*"
pageEncoding="GB18030" contentType="text/html;charset=GB18030"%>
<html>
<head><title>查询全部读者类型</title></head>
<body>
  <%@include file="banner.jsp"%>
  <%@include file="navigation.jsp"%>
  <a href="readertype_add.jsp" >添加读者类型信息</a> <br>
  </table>
  <tr>
    <td>读者类型编号</td>
    <td>读者类型名称</td>
    <td>可借数量</td>
    <td >删除</td>
  </tr>
  <%
  List<ReaderType> allreadertype =
          (ArrayList)session.getAttribute("allReadertype");
  for(int i=0;i<allreadertype.size();i++){
    ReaderType readertype= (ReaderType)allreadertype.get(i);
  %>
    <tr>
      <td><%=readertype.getReadertypeid() %></td>
      <td><%=readertype.getReadertypename() %></td>
```

```
            <td><%=readertype.getNumber() %></td>
            <td><a href="ReaderTypeDeleteServlet?
                    readertypeid=<%=readertype.getReadertypeid()%>" >删除
                </a>
            </td>
        </tr>
        <%
        }
        %>
        </table>
    <%@ include file="copyright.jsp"%></td>
    </body>
    </html>
```

② readertype_add.jsp，见程序4-20。

修改代码如下：

```
    <form method="post" action="ReaderTypeAddServlet">
```

任务 13：读者信息功能的实现

读者信息功能的文件说明如表 8-9 所示。

表 8-9　读者信息功能的文件说明

包　名	类　名	描　述
dbc	DBConnection.java	数据连接类
model	ReaderInfo.java	读者信息实体类
dao	ReaderInfoDAO.java	读者信息接口类
impl	ReaderInfoDAOImpl.java	读者信息实现类
factory	DAOFactoy.java	工厂类
servlet	ReaderQueryAllServlet.java	读者信息查询全部的控制器
	ReaderInfoAddServlet.java	读者信息添加的控制器
	ReaderInfoDeleteServlet.java	读者信息删除的控制器
WebRoot	readerinfo_queryall.jsp	查询全部读者信息界面
	readerinfo_add.jsp	添加读者信息界面

读者信息接口文件 ReaderInfoDAO 主要完成查询全部读者信息、添加和删除功能，以及用于图书借阅使用的根据读者编号查询读者信息功能，其中该接口的方法说明如表 8-10 所示。

表 8-10　ReaderInfoDAO 接口的方法说明

方法功能	方法声明
查询全部读者信息	public List<ReaderInfo> findAllReaderInfo() throws Exception;
添加读者信息	public boolean doCreate(ReaderInfo readerinfo)throws Exception;
删除读者信息	public boolean doDelete(int readerid) throws Exception;
根据读者编号查询读者信息（借阅功能使用）	public List<ReaderInfo> findReaderInfoById(int readerid) throws Exception;

实现代码如下。

（1）数据库连接类DBConnection.java，见程序7-5。

（2）实体类 ReaderInfo.java，见程序 5-7。

（3）接口类ReaderInfoDAO.java。

程序8-10：BookInfoDAO.java

```
package dao;
import model.*;
public interface ReaderInfoDAO {
    public List<ReaderInfo> findAllReaderInfo() throws Exception;
    public boolean doCreate(ReaderInfo readerinfo)throws Exception;
    public boolean doDelete(int readerid) throws Exception;
    public List<ReaderInfo> findReaderInfoById(int readerid)
        throws Exception;
}
```

（4）实现类 ReaderInfoDAOImpl.java。

程序 8-11：ReaderInfoDAOImpl.java

```
package impl;
public class ReaderInfoDAOImpl implements BookInfoDAO {
    public List<ReaderInfo> findAllReaderInfo() throws Exception{
        /* 代码参见程序 7-10：ReaderInfoDBOperation.java
        /* findAllReaderInfo()方法
    }
    public boolean doCreate(ReaderInfo readerinfo) throws Exception{
        /* 代码参见程序 7-10：ReaderInfoDBOperation.java
        /* doCreate(ReaderInfo readerinfo)方法
    }
    public boolean doDelete(int readerid) throws Exception{
        /* 代码参见程序 7-10：ReaderInfoDBOperation.java
        /* doDelete(int readerid)方法
    }
    public List<ReaderInfo> findReaderInfoById(int readerid)
          throws Exception{
        /* 代码参见程序 7-10：ReaderInfoDBOperation.java
        /* findReaderInfoById(int readerid)方法
    }
}
```

（5）工厂类 DAOFactory.java，见程序 8-3。

增加代码如下：

```
public static ReaderInfoDAO getReaderInfoDAOInstance(){
      return new ReaderInfoDAOImpl();
```

```
    }
```

（6）控制器类。

① ReaderInfoQueryAllServlet.java，见程序6-30。

执行数据库操作——查询全部读者信息的对应代码如下：

```
List allreaderinfo
    =DAOFactory.getReaderInfoDAOInstance().findAllReaderInfo();
```

完成执行数据库操作——查询全部读者类型的对应代码如下：

```
List allreadertype
    =DAOFactory.getReaderTypeDAOInstance().findAllReaderType();
```

② ReaderInfoAddServlet.java，见程序 6-31。

完成执行数据库操作——添加读者信息的对应代码如下：

```
DAOFactory.getReaderInfoDAOInstance().doCreate(readerinfo);
```

③ ReaderInfoDeleteServlet.java，见程序 6-32。

完成执行数据库操作——删除读者信息的对应代码如下：

```
DAOFactory.getReaderInfoDAOInstance().doDelete(readerid);
```

（7）视图层文件。

① readerinfo_queryall.jsp，见程序4-21。

修改代码如下：

```
<%@page language="java" import="java.util.*,model.*"
pageEncoding="GB18030" contentType="text/html;charset=GB18030"%>
<html>
<head><title>查询全部读者信息</title></head>
<body>
  <%@include file="banner.jsp" %>
  <%@include file="navigation.jsp" %>
  <a href="readerinfo_add.jsp">添加读者信息</a> <br>
  <table>
  <tr>
    <td>读者编号</td>
    <td>读者类型</td>
    <td>读者姓名</td>
    <td>身份证</td>
    <td>可借数量</td>
    <td>已借数量</td>
    <td>删除</td>
  </tr>
  <%
  List<ReaderInfo> allreaderinfo
      =(ArrayList)session.getAttribute("alleaderinfo");
  for(int i=0;i<allreaderinfo.size();i++){
```

```
            ReaderInfo readerinfo = (ReaderInfo)allreaderinfo.get(i);
        %>
        <tr>
            <td><%=readerinfo.getReaderid()%></td>
            <td><%=readerinfo.getReadertypename()%></td>
            <td> <%=readerinfo.getReadername()%> </td>
            <td> <%=readerinfo.getIdcard()%> </td>
            <td> <%=readerinfo.getNumber() %> </td>
            <td> <%=readerinfo.getBorrownumber()%> </td>
            <td> <a href="ReaderInfoDeleteServlet?
                    readerid=<%=readerinfo.getReaderid() %>" >删除
                </a>
            </td>
        </tr>
        <%
            }
        %>
        </table>
    <%@ include file="copyright.jsp"%></td>
    </body>
    </html>
```

② readerinfo_add.jsp，见程序4-22。

修改代码如下：

```
    <%@page language="java" import="java.util.*,model.*"
    pageEncoding="GB18030" contentType="text/html;charset=GB18030"%>
    <html>
    <head><title>读者信息添加界面</title></head>
    <body>
      <form method="post" action="ReaderInfoAddServlet">
      读者编号：<input name="readerid" type="text"><br>
      读者类型：<select name="readertypename">
      <%
      List<ReaderType> allreadertype =
              (ArrayList)session.getAttribute("allreadertype");
      for(int i=0;i<allreadertype.size();i++){
         ReaderType readertype=allreadertype.get(i);
      %>
      <option value="<%=readertype.getReadertypename()%>">
         <%=readertype.getReadertypename()%>
      </option>
```

```
    <%
    }
    %>
    </select><br>
    姓名：<input name="readername" type="text"><br>
    身份证：<input name="idcard" type="text"><br>
    <input type="submit" value="保存">
    <input type="button" value="返回" onClick="history.back()"></td>
    </form>
    </body>
</html>
```

任务 14：图书借还功能的实现

图书借还功能的文件说明如表 8-11 所示。

表 8-11　图书借还功能的文件说明

包　名	类　名	描　述
dbc	DBConnection.java	数据连接类
model	BorrowInfo.java	图书借还实体类
dao	BorrowInfoDAO.java	图书借还接口类
impl	BorrowInfoDAOImpl.java	图书借还实现类
factory	DAOFactoy.java	工厂类
servlet	BorrowServlet.java	图书借阅的控制器
	BorrowRenewServlet.java	图书续借的控制器
	BorrowBackServlet.java	图书归还的控制器
WebRoot	book_borrow.jsp	图书借阅界面
	book_renew.jsp	图书续借界面
	book_back.jsp	图书归还界面

图书借还接口文件 BorrowInfoDAO 主要完成图书借阅、续借和归还功能，该接口的方法说明如表 8-12 所示。

表 8-12　BorrowInfoDAO 接口的方法说明

方法功能	方法声明
图书借阅	public boolean insertBorrowBook(BorrowInfo borrowinfo) throws Exception;
查询借阅且未归还图书	public List<BorrowInfo> findAllBorrowBook(BorrowInfo borrowinfo, int readerid) throws Exception;
图书续借	public boolean renewBookById(BorrowInfo borrowinfo, int readerid) throws Exception;
图书续借条件查询	public List<BorrowInfo> findBookRenew (BorrowInfo borrowinfo,int readerid) throws Exception;
图书归还	public boolean borrowBackById(BorrowInfo borrow, int readerid) throws Exception;

实现代码如下。

（1）数据库连接类DBConnection.java，见程序7-5。

（2）实体类 BorrowInfo.java，见程序 5-8。

（3）接口类BorrowInfoDAO.java。

程序8-12：BorrowInfoDAO.java

```
package dao;
import model.*;
public interface BorrowInfoDAO {
    public boolean insertBorrowBook(BorrowInfo borrowinfo)
        throws Exception;
    public List<BorrowInfo> findAllBorrowBook(BorrowInfo borrowinfo,
        int readerid) throws Exception;
    public boolean renewBookById(BorrowInfo borrowinfo, int readerid)
        throws Exception;
    public List<BorrowInfo> findBookRenew (BorrowInfo borrowinfo,
        int readerid) throws Exception;
    public boolean borrowBackById(BorrowInfo borrow, int readerid)
        throws Exception;
}
```

（4）实现类 BorrowInfoDAOImpl.java。

程序 8-13：BorrowInfoDAOImpl.java

```
package impl;
public class BorrowInfoDAOImpl implements BorrowInfoDAO {
    public boolean insertBorrowBook(BorrowInfo borrowinfo)
        throws Exception{
    /*代码参见程序 7-11：BorrowInfoDBOperation.java
    /* insertBorrowBook(BorrowInfo borrowinfo)方法
    }
    public List<BorrowInfo> findAllBorrowBook(BorrowInfo borrowinfo,
        int readerid) throws Exception{
    /* 代码参见程序 7-11：BorrowInfoDBOperation.java
    /* findAllBorrowBook(BorrowInfo borrowinfo,int readerid) 方法
    }
    public boolean renewBookById(BorrowInfo borrowinfo,int readerid)
        throws Exception{
    /* 代码参见程序 7-11：BorrowInfoDBOperation.java
    /* renewBookById(BorrowInfo borrowinfo,int readerid) 方法
    }
    public List<BorrowInfo> findBookRenew(BorrowInfo borrowinfo,
        int readerid) throws Exception{
    /* 代码参见程序 7-11：BorrowInfoDBOperation.java
    /* findBookRenew (BorrowInfo borrowinfo, int readerid) 方法
```

```
        }
        public boolean borrowBackById(BorrowInfo borrow,int readerid)
            throws Exception;
        /* 代码参见程序 7-11：BorrowInfoDBOperation.java
        /* borrowBackById(BorrowInfo borrowinfo, int readerid) 方法
        }
    }
```

（5）工厂类 DAOFactory.java，见程序 8-3。

增加代码如下：

```
    public static BorrowInfoDAO getBorrowInfoDAOInstance(){
        return newBorrowInfoDAOImpl();
    }
```

（6）控制器类。

① BorrowServlet.java，见程序6-33。

完成执行数据库操作——根据读者编号查询读者信息的对应代码如下：

```
    List<ReaderInfo> allreaderinfo = DAOFactory.
        getReaderInfoDAOInstance().findReaderInfoById(readerid);
```

完成执行数据库操作——图书借阅的对应代码如下：

```
    DAOFactory.getBorrowInfoDAOInstance().insertBorrowBook(borrow))
```

完成执行数据库操作——查询借阅且未归还图书的对应代码如下：

```
    List<BorrowInfo> allborrowInfo=DAOFactory.
        getBorrowInfoDAOInstance().findAllBorrowBook (borrow, readerid);
```

② BorrowRenewServlet.java，见程序 6-34。

完成执行数据库操作——根据读者编号查询读者信息的对应代码如下：

```
    List<ReaderInfo> allreaderinfo =DAOFactory.
        getReaderInfoDAOInstance().findReaderInfoById(readerid);
```

完成执行数据库操作——图书续借条件查询的对应代码如下：

```
    List<BorrowInfo> allborrowinfo =DAOFactory.
        getBorrowInfoDAOInstance().findBookRenew(borrow, readerid);
```

完成执行数据库操作——图书续借的对应代码如下：

```
    DAOFactory.getBorrowInfoDAOInstance().
            renewBookById(borrow, readerid)
```

③ BorrowBackServlet.java，见程序 6-35。

执行数据库操作——根据读者编号查询读者信息的对应代码如下：

```
    List<ReaderInfo> allreaderinfo=DAOFactory.
        getReaderInfoDAOInstance().findReaderInfoById(readerid);;
```

执行数据库操作——查询借阅且未归还图书的对应代码如下：

```
    List<Borrowinfo> allborrowinfo = DAOFactory.
        getBorrowInfoDAOInstance().findAllBorrowBook (borrow, readerid);
```

（7）视图层文件。

① book_borrow.jsp，见程序4-23。

修改代码如下：

```
<%@page language="java" import="java.util.*,model.*"
pageEncoding="GB18030" contentType="text/html;charset=GB18030"%>
<html>
<head>
<title>图书借阅界面</title>
<script language="javascript">
   function checkreader(form){ form.submit(); }
   function checkbook(form){form.submit(); }
</script>
</head>
<body>
   <%@include file="banner.jsp"%>
   <%@include file="navigation.jsp"%>
   <form name="form1" method="post" action="BorrowServlet">
   <%
   ArrayList<ReaderInfo> allreaderinfo=
          (ArrayList)session.getAttribute("allreaderinfo");
   if(allReader.isEmpty()){
   %>
   <table>
      <tr>
         <td>读者编号：<input name="readerid" value="" >
         <input type="button" value="确定" onClick="checkreader(form1)" >
         </td>
      </tr>
   </table>
   ……
   <%}
   else{
      ReaderInfo readerinfo = (ReaderInfo)allreaderinfo.get(0);
   %>
   <table>
      <tr>
         <td>读者编号：
         <input name="readerid" value="<%=readerinfo.getReaderid()%>" >
         <input type="button" value="确定" onClick="checkreader(form1)" >
      </td>
```

```
    </tr>
    </table>
    <table >
      <tr>
        <td>姓名：<input name="readername"
            value="<%=readerinfo.getReadername() %>">
        </td>
        <td>读者类型：<input name="readertypename"
            value="<%=readerinfo.getReadertypename() %>">
        </td>
        <td>可借数量：<input name="number"
            value="<%=readerinfo.getNumber() %>">册</td>
      </tr>
      <tr>
        <td>证件编号：
          <input name="idcard" value="<%=readerinfo.getIdcard() %>">
      </td>
        <td>已借数量：<input name="borrownumber"
          value="<%=readerinfo.getBorrownumber() %>">册
        </td>
      </tr>
  </table>
  <table >
    <tr>
      <td>添加的依据：<input type="radio" checked>
          图书编号<input name="bookid" type="text">
        <input name="borrownumber" type="hidden"
              value="<%=readerinfo.getBorrownumber() %">
        <input type="button" value="借阅" onClick="checkbook(form1)">
      </td>
    </tr>
    <tr>
      <td>图书名称</td>
      <td>借阅时间</td>
      <td>应还时间</td>
      <td>现存量</td>
      <td>库存量</td>
    </tr>
    <%
    List<BorrowInfo> allborrowinfo=
```

```
        (ArrayList)session.getAttribute("allborrowinfo");
    for(int i=0;i<allborrowinfo.size();i++){
    BorrowInfo borrowinfo=(BorrowInfo)allborrowinfo.get(i);
    %>
    <tr>
      <td><%=borrowinfo.getBookname()%></td>
      <td><%=borrowinfo.getBorrowdate() %></td>
      <td><%=borrowinfo.getOrderdate()%></td>
      <td><%=borrowinfo.getNownumber()%></td>
      <td><%=borrowinfo.getTotal()%></td>
    </tr>
      <%} %>
      </table>
    </form>
    <%} %>
    <%@include file="copyright.jsp" %>
  </body>
</html>
```

② book_renew.jsp，见程序4-24。

修改代码如下：

```
<%@page language="java" import="java.util.*,model.*"
pageEncoding="GB18030" contentType="text/html;charset=GB18030"%>
<html>
<head><title>图书续借界面</title>
<script language="javascript">
  function checkreader(form){ form.submit(); }
</script>
</head>
<body>
  <%@include file="banner.jsp"%>
  <%@include file="navigation.jsp"%>
 <form name="form1" method="post" action="BorrowRenewServlet">
  <%
  List<ReaderInfo> allreaderinfo
          =(ArrayList)session.getAttribute("allReaderinfo");
  if(allReaderinfo.isEmpty()){
  %>
 <table>
  <tr>
    <td>读者编号：<input name="readerid" value="15020">
```

```
        <input type="button"value="确定" onClick="checkreader(form1)">
        </td>
      </tr>
    </table>
……
<%}else{
    ReaderInfo readerinfo =(ReaderInfo)allreaderinfo.get(0);
  %>
  <table>
    <tr>
      <td>读者编号：
        <input name="readerid" value="<%=readerinfo.getReaderid()%>">
        <input type="button"value="确定" onClick="checkreader(form1)">
        </td>
      </tr>
    </table>
    <table>
      <tr>
        <td>姓名：
        <input name="reaername" value="<%=readerinfo.getReadername()%">
        </td>
        <td>读者类型：<input name="readertype"
            value="<%=readerinfo.getReadertypename()%>">
        </td>
      </tr>
      <tr>
        <td>证件号码：
        <input name="idcard" value="<%=readerinfo.getIdcard()%>">
      </td>
      <td>可借数量：<input name="number"
          value="<%=readerinfo.getNumber()%>">册
      </td>
    </tr>
  </table>
  <table>
    <tr>
      <td>图书名称</td>
      <td>借阅时间</td>
      <td>应还时间</td>
      <td>超期天数</td>
```

```
        <td>续借</td>
    </tr>
    <%
    List<BorrowInfo> allborrowinfo
        =(ArrayList)session.getAttribute("allborrowinfo");
    for(int i=0;i<allborrowinfo.size();i++){
      BorrowInfo borrowinfo=(BorrowInfo)allborrowinfo.get(i);
    %>
    <input name="id" type="hidden" value="<%=borrowinfo.getId()%>">
    <tr>
      <td><%=borrowinfo.getBookname()%></td>
      <td><%=borrowinfo.getBorrowdate() %></td>
      <td><%=borrowinfo.getOrderdate() %></td>
      <td><%= Math.abs(borrowinfo.getOverdate()) %>天后超期</td>
      <td><a href="BorrowRenewServlet?
        bookid=<%=borrowinfo.getBookid()%>
        &readerid=<%=readerinfoinfo.getReaderid()%>
        &id=<%=borrowinfo.getId() %>">续借</a></td>
      </tr>
      <%
      }
      %>
      </table>
      <%
      }
      %>
    </form>
    <%@include file="copyright.jsp" %>
    </body>
    </html>
```

③ book_back.jsp，见程序4-25。

修改代码如下：

```
<%@page language="java" import="java.util.*,model.*"
pageEncoding="GB18030" contentType="text/html;charset=GB18030"%>
<html>
<head><title>图书归还界面</title>
  <script language="javascript">
    function checkreader(form){  form.submit(); }
    </script></head>
<body>
```

```
<form name="form1" method="post" action="BorrowBackServlet">
  <%@include file="banner.jsp"%>
  <%@include file="navigation.jsp"%>
  <%
  List<ReaderInfo> allreaderinfo=
       (ArrayList)session.getAttribute("allreaderinfo");
  if(allreaderinfo.isEmpty()){
  %>
  <table>
  <tr>
    <td>读者编号：<input name="readerid">
    <input type="button" value="确定" onClick="checkreader(form1)">
      </td>
  </tr>
</table>
  ……
  <%}else{
    ReaderInfo readerinfo =(ReaderInfo)allreaderinfo.get(0);
%>
  <table>
  <tr>
    <td>读者编号：
      <input name="readerid" value="<%=readerinfo.getReaderid() %>">
      <input type="button" value="确定" onClick="checkreader(form1)">
      </td>
  </tr>
  </table>
  <table>
    <tr>
      <td>姓名：<input name="readername"
          value="<%=readerinfo.getReadername()%>">
      </td>
      <td>读者类型：<input name="readertype"
          value="<%=readerinfo.getReadertypename()%>">
      </td>
      <td>可借数量：<input name="number"
          value="<%=readerinfo.getNumber() %>">
      </td>
     </tr>
</table>
```

```
<table>
  <tr>
    <td>证件号码：
      <input name="idcard" value="<%=readerinfo.getIdcard()%>"></td>
    <td>已借数量：<input name="borrownumber"
        value="<%=readerinfo.getBorrownumber()%>">册
    </td>
    <td>超期天数：<font color="red">红色</font>为已超期
                  <font color="blue">蓝色</font>为可续借
    </td>
  </tr>
</table>
  <table>
    <tr>
      <td>图书名称</td>
      <td>借阅时间</td>
      <td>应还时间</td>
      <td>超期天数</td>
      <td>罚金</td>
      <td>现存量</td>
      <td>库存量</td>
      <td>归还</td>
    </tr>
  <%
      List allborrowinfo=
       (ArrayList)session.getAttribute("allborrowinfo");
      for(int i=0;i<allborrowinfo.size();i++){
        BorrowInfo borrowinfo=(BorrowInfo)allborrowinfo.get(i);
      %>
      <input name="id" type="hidden" value="<%=borrowinfo.getId() %>"/>
      <tr>
        <td><%=borrowinfo.getBookname()%></td>
        <td><%=borrowinfo.getBorrowdate() %></td>
        <td><%=borrowinfo.getOrderdate() %></td>
        <% if(borrowinfo.getOverdate()>0){%>
        <td><font color="red">
          已超期<%=borrowinfo.getOverdate()%>天</font>
        </td>
        <td><font color="red"><%=borrowinfo.getFine()%></font></td>
        <%}else{
```

```
                int overdate=Math.abs(borrowinfo.getOverdate());
                if(overdate>=0&&overdate<=10){
            %>
                <td><font color="blue"><%=overdate %>天后超期</font></td>
                <td><%=0.0%></td>
                <% }else{%>
                <td><%=overdate %>天后超期</td>
                <td><%=0.0%></td>
                  <% } }%>
                <td><%=borrowinfo.getNownumber() %></td>
                <td><%=borrowinfo.getTotal() %></td>
                <td><a href="BorrowBackServlet?
                    bookid=<%=borrowinfo.getBookid()%>
                    &readerid=<%=readerinfo.getReaderid()%>
                    &id=<%=borrowinfo.getId()%>">归还</a>
                </td>
                </tr>
                <% } %>
                </table>
            </form>
        <% } %>
      <%@include file="copyright.jsp" %>
</body>
</html>
```

8.6 项 目 小 结

本项目重点讲解了MVC和DAO设计模式的知识，通过JavaBean、JSP、Servlet以及封装JDBC相关操作，实现了图书馆管理系统项目的分层设计和功能实现。其中，JavaBean完成应用系统的逻辑及数据处理模块的实体层；JSP代表用户交互的界面，用于形成客户端显示；Servlet用于调配整个应用流程，充当控制器的功能。DAO设计模式中使用数据库连接类、接口、实现类、工厂类等完成数据层的设计。通过分层模式的设计，使得项目的代码具有可重用性和高度扩展性。

参 考 文 献

［1］明日科技．Java Web 项目开发全程实录［M］．北京：清华大学出版社，2019.
［2］黑马程序员．Java Web 程序设计任务教程［M］．北京：人民邮电出版社，2017.
［3］郝玉龙．JavaEE 程序设计［M］．北京：清华大学出版社，2020.
［4］张国权，张凌子，翟瑞卿．Java Web 程序设计实战［M］．上海：上海交通大学出版社，2017.
［5］卓国锋，郭朗．Java Web 企业项目实战［M］．北京：清华大学出版社，2017.
［6］千锋教育高教产品研发部．Java Web 开发实战［M］．北京：清华大学出版社，2018.
［7］林信良．JSP & Servlet 学习笔记［M］．3 版．北京：清华大学出版社，2019.
［8］王春明，史胜辉．JSP Web 技术及应用教程［M］．2 版．北京：清华大学出版社，2018.